Kehinde Oladipupo Allen-Taylor

# Integração da educação ambiental como disciplina única na Nigéria

Kehinde Oladipupo Allen-Taylor

# Integração da educação ambiental como disciplina única na Nigéria

ScienciaScripts

**Imprint**



Cover image: www.ingimage.com

This book is a translation from the original published under ISBN 978-620-2-05875-9.

Publisher:
Sciencia Scripts
is a trademark of
Dodo Books Indian Ocean Ltd. and OmniScriptum S.R.L publishing group

120 High Road, East Finchley, London, N2 9ED, United Kingdom
Str. Armeneasca 28/1, office 1, Chisinau MD-2012, Republic of Moldova, Europe
Printed at: see last page
**ISBN: 978-620-7-87089-9**

# DEDICAÇÃO

Este trabalho é dedicado a todos os que contribuíram, direta ou indiretamente, para o meu sucesso na vida.

# AGRADECIMENTOS

Gostaria de estender os meus sinceros agradecimentos a todas as pessoas que tornaram possível esta investigação.

Dr. Hans-Rudolf e ao Prof. Dr. Joachim Schrautzer por terem aprovado o tema selecionado e por me terem dado o incentivo necessário para escrever este trabalho. Além disso, gostaria de agradecer a todos os directores, professores e alunos de várias escolas que participaram na realização desta investigação. Da mesma forma, gostaria de expressar os meus agradecimentos aos amigos, à minha mãe e à minha noiva (Débora), bem como a todos aqueles que, no âmbito da sua agenda preenchida, analisaram o meu trabalho de investigação com comentários construtivos.

# ABREVIATURAS

| | |
|---|---|
| **AKA** | Awareness, knowledge and attitude |
| **CEE** | Council for Environmental Education |
| **EE** | Environmental Education |
| **FCT** | federal Capital Territory |
| **FGN** | Federal government of Nigeria |
| **JAMB** | Joint Admissions and Matriculations Board |
| **JSS** | Junior Secondary School |
| **LGA** | Local Government Areas |
| **MCT** | Multiple-choice test |
| **MDGs** | Millennium Development Goals |
| **NCC** | National Curriculum Conference |
| **NCE** | National College of Education |
| **NECO** | National Examinations Council |
| **NERDC** | Nigerian Educational Research and development council |
| **SDGs** | Sustainability Development Goals |
| **SEPA** | Science Education Program for Africa |
| **SQI** | Students' Questionnaire Interpretation |
| **SSS** | Senior Secondary School |
| **TQI** | Teachers' Questionnaire Interpretation |
| **UBE** | Universal Basic Education |
| **WAEC** | West African Examinations Council |
| **WREEC** | Western Regional Environmental Education Council |

# RESUMO

*A sociedade nigeriana carece de uma consciência ambiental profunda, de conhecimentos e de atitudes (AKA) sobre práticas ambientais sustentáveis. Esta investigação aborda vários problemas ambientais na sociedade e analisa a forma como a Educação Ambiental (EA) pode ajudar a desenvolver a consciência, o conhecimento e a atitude dos alunos em relação ao seu ambiente. O estudo investiga duas escolas secundárias seleccionadas aleatoriamente no estado de Lagos, na Nigéria, com observação adicional de actividades de educação ambiental em algumas escolas primárias da área de estudo. A parte empírica desta investigação segue análises de dados qualitativos e quantitativos obtidos através de fontes primárias e secundárias, como investigação social e experimental. A investigação social emprega a utilização de questionários entre os alunos e os seus professores para determinar o nível de sensibilização, conhecimento e atitudes em relação ao ambiente, enquanto a investigação experimental adopta os métodos de separação de resíduos através da utilização de caixotes do lixo de plástico nas salas de aula dos alunos para observar o nível de sensibilização, conhecimento e atitude, a fim de melhorar os seus comportamentos ambientais. A investigação generaliza ainda a discussão, seguida de alguns factores de constrangimento que podem afetar o ensino da educação ambiental na Nigéria. Entretanto, a investigação provou a existência de uma correlação entre as atitudes, os conhecimentos e a consciência dos estudantes relativamente ao seu ambiente participativo. A investigação também concluiu que as componentes existentes dos temas ambientais no âmbito do currículo reestruturado do ensino básico (UBE) para os estudantes não eram obrigatórias, o que contribuiu para a falta de sensibilização, conhecimento e atitude ambiental dos estudantes na sociedade. Por conseguinte, esta investigação recomenda a integração de alguns tópicos propostos nos currículos de educação ambiental como disciplina única no sistema educativo da Nigéria.*

# ÍNDICE DE CONTEÚDOS

# CAPÍTULO 1

## INTRODUÇÃO

### 1.1 Introdução

O objetivo desta investigação é analisar a forma como a Educação Ambiental (EA) na Nigéria poderia ajudar a desenvolver a consciência, o conhecimento e a atitude dos alunos em relação ao seu ambiente se fosse integrada como uma disciplina única no currículo do sistema educativo da Nigéria. Foi feita uma observação adicional das actividades de educação ambiental em algumas escolas primárias da área de estudo. A primeira secção deste capítulo explica os antecedentes e o enunciado dos problemas no contexto da Nigéria. Segue-se o trabalho de investigação e o seu contexto, juntamente com o objetivo e os objectivos deste estudo. A secção seguinte destaca as questões de investigação, o significado do estudo e uma visão geral de toda a estrutura da tese.

### 1.2 A Nigéria no contexto

A investigação foi efectuada no contexto dos problemas ambientais na Nigéria, utilizando o estado de Lagos como estudo de caso. O estado de Lagos foi escolhido como área de estudo, devido ao aumento da população, urbanização e industrialização, o que é adequado para o objetivo da investigação (ver capítulo 4 para a descrição da área de estudo).

#### 1.2.1 Antecedentes dos problemas ambientais

A Nigéria é o país mais populoso de África (Aiyedogbon, 2012), constituído por 36 estados e Abuja como Território da Capital Federal (FCT) (ver Fig. 1 abaixo).

Figura 1: Mapa da Nigéria com todos os estados.

Fonte: http://www.mapperv.com/maps/Nigeria-Map.mediumthumb.png

A população da Nigéria tem crescido muito rapidamente ao longo dos anos, com uma densidade populacional projectada para 204,68 milhões de pessoas em 2020 (www.statista.com, 2017). (2008) sugeriram **que a** densidade da população nigeriana varia consoante as tribos do país. Isto implica que o aumento da população nigeriana resultou numa rápida urbanização, em que metade das populações migram para as zonas urbanas (UN, Habitat 2011) (ver Fig. 2 abaixo).

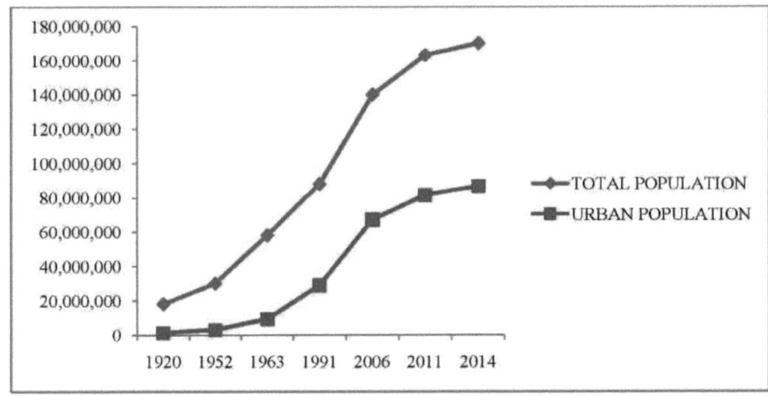

Fig. 2.Tendência do crescimento da população na Nigéria

Fonte: (*) Ombokun, (1985), (**) NPC, (1991 e 2006), e (***) ONU, (2011 e 2014) ("John, 2015) Adotado de Dung-Gwom J, Y. (2015)

No entanto, a evolução urbana na Nigéria teve consequências negativas e positivas. No entanto, o seu impacto positivo fez com que a economia da Nigéria se tornasse a maior economia de África (www.dbresearch.de,2014). Por outro lado, os efeitos negativos contribuem mais para a degradação ambiental, o que implica o "abuso do ambiente". Isto ocorre em resultado do aumento da industrialização, da população e da urbanização. Além disso, estas ocorrências contribuem para a poluição e para o lixo urbano e doméstico, que emana das sociedades sem fim, dos desejos e das vontades (NEST, 1991). Além disso, Jimoh, (2000) argumentou que o esforço dos seres humanos para satisfazer as suas possíveis necessidades acomoda o stress ambiental que resulta em degradação ambiental. Siyanbade, (2007:3) salientou que os seres humanos dependem do ambiente natural para a sua existência física e bem-estar. Isto implica que as actividades humanas conduzem frequentemente ao abuso do ambiente ou à degradação ambiental.

Para além disso, muitos desses problemas ambientais são causados pela ignorância humana em relação ao ambiente. Um exemplo é o hábito de eliminação incorrecta de resíduos da sociedade. Este facto está relacionado com a constatação de Holden (2008:22) de que muitos dos problemas ambientais do mundo residem no conhecimento humano e na gestão insatisfatória dos recursos ambientais. Por conseguinte, alguns ambientalistas argumentaram que a degradação ambiental também ocorre para além da ignorância humana, em resultado do desenvolvimento ambiental (ver Debbie, 2013; Holdan, 2008; Ike, 2002; Jimoh, 2000; Umoren, 2005). Exemplo disso é a expansão urbana que resulta na desflorestação do ambiente natural.

A este respeito, os problemas ambientais notáveis na Nigéria incluem a perda de habitats, as alterações climáticas, a desflorestação, a poluição, a perda de biodiversidade, as práticas de gestão de resíduos, a erosão e as inundações, etc. De acordo com Santra (2011), o aumento da população humana e o abuso dos recursos contribuirão negativamente para o ambiente se a emergência de economias de mercado livre não for controlada. É necessário educar a população humana sobre algumas práticas ambientais sustentáveis, a fim de manter o ambiente natural. Assim, os gestores ambientais, os indivíduos, as organizações governamentais e não governamentais devem integrar medidas de educação ambiental no seu roteiro para incentivar práticas ambientais naturais sustentáveis (Ofomata e Phil-Eze, 2007:1).

Acima de tudo, não se espera que os indivíduos ajam de forma adequada para resolver os problemas ambientais sem estarem conscientes desses problemas e das suas consequências na sua vida quotidiana (Asthana e Asthana, 2013:348). Por conseguinte, esta investigação implica a forma como a integração da educação ambiental como disciplina única no sistema educativo da Nigéria contribuirá significativamente para a melhoria dos problemas ambientais do país.

### 1.2.2 Estado atual do ambiente (declaração dos problemas)

Na Nigéria, vários estudos *"Rashid, 1982; NEST, 1991; Banco Mundial, 1992; Anih, 2004; Muoghalu&Okonkwo, 2004; Ijioma&Agaze, 2004; Nduka, 2004; Mba, 2004; Bulama, 2005; 129 Ojeshina, 2005; UN-HABITAT, 2005b" de acordo com (Daramola et al., 2010)*identificaram muitos problemas ambientais como se pode ver no Quadro 1 abaixo e no Anexo 3. As causas desses problemas ambientais são os resultados das actividades humanas, o crescimento da população e a elevada taxa de urbanização, a gestão inadequada dos resíduos, bem como o fraco nível de conhecimento ambiental dos residentes urbanos. No entanto, esses problemas ambientais estão interligados com as comodidades básicas das sociedades, como água potável adequada, alimentos, abrigo e bons cuidados de saúde, etc.

Consequentemente, foi relatado que a maioria das áreas urbanas na Nigéria cresceram para além das suas capacidades de carga ambiental e das infra-estruturas existentes (Comissão Nacional da População, NPC, 1998). FRN, (2007) revelou que a maior parte das cidades urbanas, especialmente no estado de Lagos, na Nigéria, tem uma pequena massa de terra com uma grande população humana que em breve esgotará a sua capacidade limite. Isto implica que, se forem permitidas mais entradas de população humana, não haverá equilíbrio no ambiente natural (Taylor, 2000). Por conseguinte, isso afectará a capacidade de carga dos ambientes urbanos, resultando numa má qualidade das condições de vida e em problemas ambientais.

De um modo geral, os problemas ambientais devem-se sobretudo a processos de desenvolvimento que afectam o ambiente local, regional e global. Esses processos de desenvolvimento serão pouco estudados por instituições adequadas, em conformidade com medidas sustentáveis, sobretudo face ao declínio da sorte económica. Em geral, as questões ambientais urbanas devem dominar a maior parte da agenda governamental nos países em desenvolvimento, particularmente na Nigéria, com o objetivo de alcançar ambientes sustentáveis.

| **Environmental Problems** | **Sources** | **Effects** |
|---|---|---|
| Housing and Slums | Rapid urbanization due to rural urban migration and natural population increase. | Enhances rapid deterioration of physical environment. |
| Pollution (land, air water) | Inefficient waste management systems, emissions from automobiles, industrialization and power generating sets. | Pollution general poses health risks to humans, terrestrial and aquatic lives. |
| Deforestation | Indiscriminate destruction of land vegetation for purpose of urban expansion in infrastructure and Construction | Biodiversity reduction as well as loss in natural land areas covers. |
| Urban Flooding | Absence of efficient waste and storm water discharge system. | Destruction of human lives, properties and means of livelihood as well as public infrastructure. |

Fontes: (0miunu, 1981; Rashid, 1982; Olarinan, 1983; Odemerrho, 1988; NEST, 1991; Banco Mundial, 1992; Anih, 2004; Muoghalu e Okonwo, 2004; Ijioma e Agaze, 2004; Nduka, 2004; Mba, 2004; Bulama, 2005; Ojeshina, 2005; UNHABITAT, 2005b)

Quadro 1: Fontes, efeitos e problemas ambientais na Nigéria. Adotado de A. Daramola (2010)

## 1.3 O trabalho de investigação

A ideia do trabalho de investigação surgiu durante a realização do meu estudo em Gestão Ambiental nos mini-módulos "Projeto 1" e "Projeto 2" como investigador social na Nigéria. Observou-se que, durante esta investigação sobre práticas de gestão de resíduos, havia uma lacuna na ética ambiental da sociedade que resultava na falta de consciência ambiental, de conhecimentos e de atitudes sobre práticas ambientais sustentáveis. Esta situação contribuiu de forma significativa para vários problemas ambientais na Nigéria. Por esta razão, decidi investigar as actuais actividades de educação ambiental nas escolas, com o objetivo de desenvolver a consciência, o conhecimento e a atitude ambientais dos alunos. A primeira razão para investigar a consciencialização, o conhecimento e a atitude dos alunos em relação ao ambiente é identificar a correlação entre a aprendizagem **sobre/no/para o** ambiente. A segunda razão é determinar o impacto do ensino da EA como disciplina única nas escolas primárias e secundárias. Além disso, tendo em conta a sugestão de que as crianças nos primeiros anos se adaptam e aprendem rapidamente, pode concluir-se que vale a pena investigar a integração da educação ambiental como disciplina única, a fim de melhorar os actuais desafios ambientais na Nigéria.

### 1.3.1 Conteúdo da investigação

O estudo teve lugar em duas escolas secundárias seleccionadas aleatoriamente no estado de Lagos, na Nigéria, como investigação social e experimental. No que se refere à investigação social, consistiu na utilização de questionários para determinar o impacto da educação ambiental, se considerada integrada como uma disciplina única, no desenvolvimento do nível de consciencialização, conhecimentos e atitudes dos alunos. Em seguida, na parte da investigação experimental, os métodos de separação de resíduos foram apresentados aos alunos através da utilização de caixotes do lixo de plástico nas suas salas de aula para observar o nível dos seus comportamentos em relação ao ambiente (ver mais no capítulo 4, secção 4.3.6). Além disso, foram realizadas observações de actividades de educação ambiental em algumas escolas primárias da área de estudo do governo local de Ifako-Ijaiye, no estado de Lagos, na Nigéria.

### 1.3.2 Finalidade e objectivos da investigação

O objetivo da investigação é analisar a forma como a educação ambiental na Nigéria pode ajudar a desenvolver a consciência, os conhecimentos e a atitude dos estudantes em relação ao ambiente, se for integrada como disciplina única no currículo. O objetivo também ajudará a determinar as recomendações adequadas que melhorarão a integração da educação ambiental no currículo do sistema educativo da Nigéria.

Esta investigação divide-se em duas partes.

A primeira parte da investigação estudará o estado atual dos problemas ambientais e da EA na Nigéria. O sistema de educação ambiental na Nigéria também será avaliado neste estudo, a fim de se obter o melhor resultado possível no sentido de melhorar a consciencialização, o conhecimento e a atitude ambientais (AKA) dos estudantes.

A segunda parte da investigação apresenta uma recomendação que melhorará a educação ambiental na Nigéria com os seguintes objectivos:

1. Identificar vários problemas ambientais na Nigéria.
2. Analisar o impacto da educação ambiental na Nigéria.
3. Observar o nível atual de consciência ambiental, conhecimento e atitude dos alunos em relação ao ambiente.

### 1.3.3 Questões de investigação

Para compreender o contexto da investigação, foram colocadas as seguintes questões de investigação:

1. Qual é o contexto histórico da EE na Nigéria?
2. Qual é a possibilidade de integrar a EE no sistema curricular educativo da Nigéria?
3. Como é que a EA pode melhorar o conhecimento, a atitude e a consciência ambiental dos alunos?

### 1.3.4 Importância desta investigação

Os seguintes pressupostos são os significados deste trabalho de investigação.

1. O resultado desta investigação irá educar os alunos sobre as suas actividades diárias que contribuem significativamente para os problemas ambientais.
2. Os resultados desta investigação farão parte das medidas necessárias para a implementação da EeE na Nigéria como disciplina única no currículo escolar.
3. Subsequentemente, o resultado desta investigação servirá como um recurso adequado para os académicos que estejam interessados em prosseguir a investigação no domínio das EeE.

## 1.4 Panorâmica da estrutura da tese

A presente tese é composta pelos seguintes capítulos

- O Capítulo 2 contém a revisão da literatura relacionada com este estudo num contexto global. O capítulo apresenta definições e conceitos, bem como os objectivos e metas da EA. Também explica brevemente os antecedentes históricos da EA, bem como o seu papel na educação formal e no desenvolvimento sustentável.
- O Capítulo 3 faz uma análise crítica da literatura relacionada com este estudo do contexto nigeriano da EE e do sistema educativo. Abordou brevemente os antecedentes históricos da EE na Nigéria, a análise do sistema educativo nigeriano e a estrutura da EE no currículo educativo da Nigéria.
- O capítulo 4 ilustra a metodologia que foi aplicada neste estudo. Descreve a área de estudo, as técnicas e os métodos utilizados na recolha e análise de dados.
- O capítulo 5 apresenta os resultados da análise e da avaliação das investigações sociais e experimentais.
- O capítulo 6 generaliza a discussão sobre a investigação experimental, a revisão das questões básicas dos questionários de investigação social e os métodos didácticos adequados para o ensino da EE.

- O capítulo 7 explica as limitações do ensino da educação ambiental na Nigéria.
- O Capítulo 8 apresenta recomendações para melhorar ainda mais a integração da EE como disciplina única nos sistemas educativos da Nigéria.
- O capítulo 9 conclui todo o trabalho de investigação.

# CAPÍTULO 2

## REVISÃO DA LITERATURA SOBRE O CONTEXTO GLOBAL DA EE

### 2.0 Introdução

O capítulo dois apresenta uma revisão da literatura relacionada com este estudo num contexto global. Ele coloca em perspetiva a necessidade de EE, usando EE como uma ferramenta para resolver problemas ambientais atuais. O capítulo apresenta definições e conceitos, bem como os objectivos e metas da EA. Também explica os papéis da EA na educação formal, juntamente com a história da EA e a EA como ferramentas de apoio ao desenvolvimento sustentável.

### 2.1 Necessidades de educação ambiental

A resolução dos problemas ambientais depende de formas adequadas de gestão do ambiente. Para efeitos destas investigações, o ambiente é considerado como a envolvente total do ser humano e as circunstâncias em que este vive.

No entanto, é necessário que os seres humanos compreendam o ambiente natural que os rodeia, a fim de evitar práticas insustentáveis que possam conduzir à degradação ambiental. Fatubarin (2009) refere que a humanidade e os outros seres vivos e não vivos estão localizados na biosfera da Terra. Por conseguinte, a compreensão das suas relações entrelaçadas só pode ser alcançada através da EA. Além disso, partiu-se do pressuposto de que a falta de EA é um fator que contribui para os problemas ambientais. Foi também provado que estes problemas são particularmente prevalecentes nos países em desenvolvimento, nos quais as pessoas dependem maioritariamente dos seus recursos naturais (Banco Mundial, 2006). Assim, estes problemas podem ser parcialmente resolvidos através da educação das sociedades sobre práticas ambientais sustentáveis, enquanto que a educação continua a ser um veículo para mudar a atitude, a perceção e os comportamentos das pessoas.

Por conseguinte, a educação é um processo em que uma sociedade assume e transmite atitudes, conhecimentos e competências específicas aos seus jovens membros através de uma formação sistemática formal ou informal (Kwame, 2008). A educação desenvolve o poder da mente, onde se adquirem ideias, conhecimentos e competências que reflectem o pleno desenvolvimento da personalidade de cada um.

Os cientistas e investigadores sociais acreditam que o conhecimento e a atitude estão interligados e que a atitude se reflecte nos comportamentos (flamm, 2006). Um pressuposto afirma *que "se as pessoas se tornarem mais informadas sobre os problemas ambientais, ficarão, por sua vez, mais motivadas para agir de forma responsável em relação ao seu ambiente"*, de acordo com (fahlquist,

2008). Além disso, Anil e Arnab, (2014) salientaram que educar as pessoas sobre o ambiente é uma das chaves para os gestores ambientais promoverem ambientes sustentáveis para todos. Assim, a EA ajudará a eliminar ou a minimizar as práticas ambientais insustentáveis que põem em perigo o nosso ambiente.

## 2.2 Definições e conceito

A educação ambiental é uma abordagem interdisciplinar que incorpora a ligação entre a qualidade da educação e o ambiente. Descreve os valores ambientais através do desenvolvimento de conhecimentos, competências e atitudes necessárias para compreender as ligações entre as práticas humanas e o seu ambiente. A educação ambiental implica também a tomada de decisões correctas relativamente às questões ambientais (IUCN, 1970). Assim, a relação entre o homem e o seu ambiente abrange um amplo espetro de questões ambientais como a urbanização, a eliminação incorrecta de resíduos, as alterações climáticas, a saúde pública e a dinâmica populacional (ver Ibimilua e Ibimilua, 2014; Andrejs et al., 2013; e Anil e Arab, 2014).

Posteriormente, a UNESCO, (1978) define a EA, como um processo de aprendizagem que procura aumentar o conhecimento e a consciência das pessoas sobre os vários problemas ambientais, desenvolvendo as competências necessárias para abordar estes problemas, com empenho e motivação na tomada de decisões correctas.

AAEE, (1994) define a EA como um processo de aprendizagem através do qual se procura desenvolver uma compreensão da inter-relação entre os elementos do ambiente total, atitudes positivas e competências que permitirão participar ativamente na promoção do seu bem-estar.

Umoren, (1995) também define a EA como um processo de aprendizagem que ajuda o público a compreender, apreciar e mudar a atitude das pessoas de forma positiva em relação ao ambiente. Além disso, estas definições são frequentemente utilizadas para apoiar os sistemas de educação formal. No entanto, algumas definições do início dos anos 90 tiveram em conta os recentes avanços tecnológicos modernos, a urbanização e a dinâmica populacional, que são factores que contribuem para as questões ambientais em todo o mundo. Um exemplo é a definição de Aina (1990), segundo a qual a EA se preocupa em educar a população mundial sobre os problemas ambientais, com o desenvolvimento de conhecimentos, competências e atitudes colectivas para os resolver e prevenir novos problemas. Na sua essência, a EA deve educar para o desenvolvimento de conhecimentos, atitudes e competências na prevenção e na procura de soluções para os problemas ambientais. A EA é mais do que mera informação sobre o ambiente; tem de ser ensinada de forma a que a sociedade se empenhe em cuidar do ambiente.

Para Martin, (1990) a EA deve ajudar as pessoas a compreender as forças que determinam os comportamentos humanos em relação ao ambiente. No seu ponto de vista, a EA deveria educar mais para a preservação do património cultural e dos valores ecológicos do ambiente.

Borrini - Feyerabend, (1997) dá a sua própria definição, de tal forma que as prioridades da EA devem centrar-se na participação do conhecimento local que irá melhorar as questões ambientais, bem como desenvolver uma solução sustentável através da iniciativa local.

Estas definições apoiam a conclusão de Santra (2011) de que a felicidade e a sobrevivência humanas dependem da utilização do ambiente de forma sustentável. Por conseguinte, é necessário gerir todo o universo de uma forma sustentável para as gerações actuais e futuras.

Os conceitos de EA incluem a promoção da consciencialização sobre a interdependência social, política e ecológica, de tal forma que a consciencialização, o conhecimento e as atitudes são prioridades na EA. Assim, aprender sobre o ambiente é uma oportunidade para adquirir os conhecimentos necessários para tomar as decisões correctas que preservarão o bem-estar ambiental. É de importância vital compreender a dinâmica da criação de um ambiente propício e conveniente para a sociedade.

Por conseguinte, é da responsabilidade social da sociedade proteger e preservar o ambiente em que vive (ver Andrejs, et al., 2013; Anil e Arnab, 2014; Ibimilua e Ibimilua, 2014). Isto também está de acordo com o pressuposto de que "cuidar do ambiente para que o ambiente possa cuidar de si em troca". Neste sentido, pode dizer-se que a Educação Ambiental é vista como um agente de desenvolvimento sustentável que explica a função ambiental natural.

A partir da apresentação acima, conclui-se que a EA implica a educação interior/exterior, onde o conhecimento é transferido de uma pessoa para outra. Também aumentará os níveis de consciencialização do público sobre as questões ambientais e a capacidade de tomada de decisões, o que melhorará o ambiente sustentável. A EA também ajudará a educar sobre como reduzir a pressão excessiva causada como resultado das actividades humanas e a utilização dos recursos ambientais de forma sustentável.

## 2.3 Metas e objectivos da EE

Os objectivos da EE foram formulados através de uma série de iniciativas internacionais, nacionais e estatais após a Carta de Belgrado em 1976. Logicamente, as recomendações da Declaração de Tbilisi de 1977 foram adoptadas como a declaração mais autorizada devido às suas metas e objectivos claramente especificados em matéria de EA. Esta declaração foi posteriormente reendossada no Congresso Internacional sobre Educação e Formação Ambiental em Moscovo, em 1987 (UNESCO-UNEP 1988). A Declaração de Tbilisi reconhece os problemas ambientais, o desenvolvimento da consciencialização, do conhecimento e da atitude e permite a utilização sustentável dos recursos ambientais. Além disso, procura melhorar a compreensão dos sistemas de trabalho ambiental e da sustentabilidade ambiental (Ibimilua 2015).

Por outro lado, as metas e os objectivos definidos na Declaração de Tbilisi constituem um princípio-quadro em todo o mundo para o desenvolvimento de políticas locais e nacionais de educação ambiental. As metas e objectivos recomendados para a EA na declaração de Tbilisi são descritos na Caixa 0.1, juntamente com a meta da Carta de Belgrado:

Caixa 0.1 A Carta de Belgrado e a Declaração de Tbilissi

A Carta de Belgrado, proposta no workshop UNESCO-UNEP em 1975, sugeriu uma estrutura global para EE:

O objetivo da Educação Ambiental é desenvolver uma população mundial que esteja consciente e preocupada com o ambiente e os problemas que lhe estão associados, e que possua os conhecimentos, as competências, as atitudes, as motivações e o empenho para trabalhar individual e coletivamente na solução dos problemas actuais e na prevenção de novos problemas. (UNESCO-UNEP, 1976).

A Declaração de Tbilisi, desenvolvida na subsequente conferência internacional sobre EE em 1977, recomendou os princípios básicos e as directrizes da EE da seguinte forma:

Objectivos 1.
Promover uma consciência clara e uma preocupação com a interdependência económica, social, política e económica nas zonas urbanas e rurais;

2. Proporcionar a cada pessoa oportunidades de adquirir os conhecimentos, valores, atitudes, empenhamento e competências necessários para proteger e melhorar o ambiente; e

3. Criar novos padrões de comportamento do conjunto dos indivíduos, grupos e sociedade em relação ao ambiente (segundo UNESCO-UNEP 1978, p. 3).

Objectivos

| |
|---|
| 1. Sensibilização - ajudar o grupo social a adquirir uma consciência e uma sensibilidade em relação ao ambiente global e aos problemas que lhe estão associados.<br><br>2 Conhecimento - para ajudar o grupo social a adquirir uma variedade de experiências no âmbito do ambiente total e a desenvolver uma compreensão básica do ambiente total, dos problemas que lhe estão associados e da presença e do papel criticamente responsável da humanidade nesse ambiente.<br><br>3. atitudes - para ajudar o grupo social a desenvolver um conjunto de valores e sentimentos de preocupação com o ambiente e a motivação para participar ativamente na melhoria e proteção do ambiente.<br><br>4.Competências - adquirir as competências necessárias para identificar, investigar e resolver problemas ambientais.<br><br>5.Participação - dotar o grupo social de conhecimentos, competências e autoestima, bem como de oportunidades, para participar ativamente, a todos os níveis, na resolução dos problemas ambientais (segundo UNESCO-PNUA 1978, p. 3). |

Adotado de J. katayama (2009)

A importância desses objectivos e metas consiste em promover a consciência ambiental, os conhecimentos, as atitudes e a aquisição de competências através de oportunidades de participação em questões ambientais. Nesta investigação, a sensibilização, os conhecimentos e as atitudes foram especificamente examinados através de investigação social e experimental adequada, a fim de determinar e observar o nível de compreensão dos alunos sobre o seu ambiente natural. No entanto, verificou-se que a resposta individual às alterações ambientais é afetada pelo seu conhecimento e experiência. Assim, os objectivos e metas da EA provaram que os alunos podem ser mais sustentáveis nas suas práticas se o currículo adequado for concebido para a integração da EA.

## 2.4 O papel da EA na Educação Formal

A EA desempenha um papel vital na educação formal, enriquecendo a geração mais jovem com informações, questões, análises e interpretações sobre o ambiente e o seu desenvolvimento. Nagra, (2010) sugeriu que as escolas podem fornecer a maior base institucional de aprendizagem sobre EA, onde as mentes dos alunos podem ser desenvolvidas em direção a uma ética ambiental desejável. Stevenson, (2007) traçou a origem da EA desde o desenvolvimento dos estudos da natureza até ao movimento de conservação. Assim, uma série de factores influenciaram o desenvolvimento da EA que contribuiu para este movimento. Alguns desses factores são destacados como a política educativa nacional, as alterações ambientais naturais e a dinâmica populacional. Estes factores têm sido abordados através da EA em alguns países (UNESCO-PROAP 1996). Por exemplo, a EA na Austrália registou duas grandes mudanças desde a década de 1970. Em primeiro lugar, houve um movimento distinto da EA baseada na ciência natural para os aspectos sociais do ambiente sustentável. Em segundo lugar, é um movimento importante da aprendizagem de EA nas escolas para programas de educação ambiental para adultos (Fien 1993b).

Por esta razão, Stevenson, (2007) também argumenta que os objectivos dos estudos da natureza e da educação para a conservação serão facilmente acomodados nos objectivos do sistema escolar sobre EA. A este respeito, a Declaração de Tbilisi de 1977 sobre a EA foi reorientada para apoiar os objectivos de desenvolvimento sustentável no capítulo 36 da Agenda 21 em 1992, que enfatizou que "*a EA deve ser incorporada ao nível das escolas primárias e secundárias, a fim de melhorar o ambiente para o desenvolvimento sustentável*", de acordo com (UNESCO, 1992). Em vez de estabelecer a EA como uma disciplina única que melhorará a compreensão profunda do aluno sobre o ambiente e a sua relevância, foi amplamente integrada utilizando uma abordagem interdisciplinar em disciplinas seleccionadas existentes nas escolas primárias e secundárias (ver Fig. 3 abaixo para exemplo)

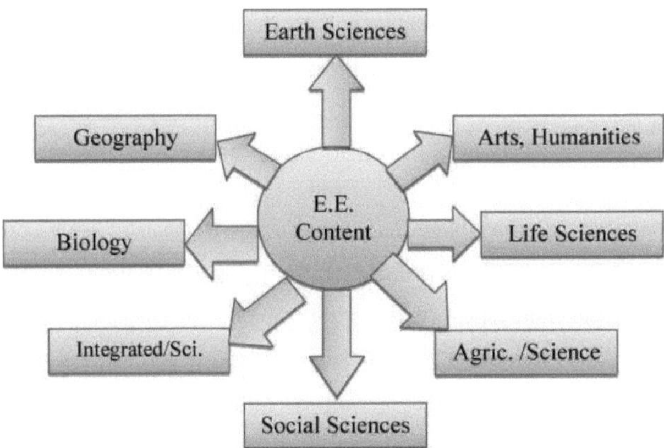


Fig.3 Representa um exemplo de EE integrada numa abordagem interdisciplinar.

No entanto, será difícil ensinar EA como tópicos dentro dessas disciplinas seleccionadas, uma vez que os crescentes problemas ambientais continuam a aumentar à escala global. É necessário que cada país investigue as suas próprias alterações ambientais e desenvolva um currículo sobre EA como uma disciplina única baseada nas suas próprias questões ambientais. Esta ideia foi apoiada pelo pressuposto de que o ensino da EA estabelecerá um protótipo de orientação para o ensino/aprendizagem com vista à resolução dos actuais problemas ambientais através de conteúdos locais.

Além disso, o ensino e a aprendizagem devem ser um processo de cooperação entre professores e alunos, em que o conhecimento é adquirido. Stevenson (2007) defende que um processo de investigação deste tipo envolve os alunos ativamente no pensamento crítico e complexo para a resolução de problemas ambientais.

No entanto, no contexto da preparação do currículo, é necessário estar aberto às ideias dos professores e dos alunos, de modo a que os seus contributos ajudem a obter conteúdos curriculares bem concebidos (Stevenson, 2007). Loughland et al. (2002) também sugeriram que uma orientação significativa para a EA nas escolas será uma oportunidade em que as próprias experiências dos alunos sobre o ambiente são desafiadas e motivadas. O ensino da EA nas escolas deve ser impulsionado por actividades práticas, de modo a desenvolver uma experiência de aprendizagem realista em torno do ambiente dos alunos. Isto corrobora a conclusão de Madsen, (1996) de que a consciência, o conhecimento e a atitude ambientais são fenómenos inevitáveis que contribuem largamente para o desenvolvimento sustentável. Além disso, devem ser dadas oportunidades aos professores para uma formação contínua em educação ambiental, a fim de melhorar os seus conhecimentos pedagógicos sobre o ambiente. Assim, este estudo investiga a consciencialização, os conhecimentos e as atitudes dos alunos em relação ao ambiente, a fim de estabelecer a base do presente estudo.

## 2.5 História da EE

A educação ambiental tem uma longa história desde o início do século XVIII. A educação para o ambiente foi influenciada por filósofos como Jean-Jacques Rousseau (1712-1778), Louis Agassiz (1807-1873), Wilbur Jackman (1891) e Liberty Hyde Bailey (1905-1908). Contudo, na década de 1930, houve uma campanha em resposta à catástrofe ambiental provocada pelo homem, denominada "Dust bowl", nos EUA. Esta campanha evoluiu para um movimento que passou dos estudos naturais para os estudos de conservação, que se ocupavam do estudo científico dos problemas ambientais (Gottlieb, 1995). Esta campanha foi apoiada por vários estados, agências federais e de recursos naturais, bem como por muitos organismos não governamentais no coração dos Estados Unidos (McCrea, 2006). O objetivo desta campanha era integrar um estudo científico rigoroso, em vez da história natural, que ajudasse a gerir e planear a resolução de problemas sociais e ambientais. O resultado desta campanha deu origem a muitas publicações que foram importantes para a história da EA.

Consequentemente, na década de 1970, o Western Regional Environmental Education Council (WREEC) (atualmente Council for Environmental Education (CEE)) foi criado em rede de parceria para apoiar a educação ambiental na América (McCrea, 2006). Esta iniciativa surge na sequência da celebração do primeiro Dia da Terra, a 22 de abril, com 20 milhões de pessoas em toda a América nesse mesmo ano (McCrea, 2006). Além disso, as actividades de EA conduziram à primeira Conferência das Nações Unidas sobre o Ambiente Humano, realizada em Estocolmo, na Suécia, em 1972, em que as recomendações da secção 96 apelavam à educação ambiental como instrumento para abordar as questões ambientais em todo o mundo (McCrea, 2006). *Foi o primeiro fórum internacional com o objetivo de enfrentar os desafios ambientais globais através da EA para as gerações mais jovens e para os adultos" (PNUA, 1972).* Três anos mais tarde, seguiram-se dois quadros internacionais fundamentais, como a Carta de Belgrado (UNESCO-PNUA, 1976) e a Declaração de Tbilisi (UNESCO, 1978), que deram um impulso à EA. *"A Carta de Belgrado foi o primeiro resultado chave patrocinado pela Organização das Nações Unidas para a Educação, Ciência e Cultura em Belgrado, Jugoslávia, em outubro de 1975"* de acordo com *(McCrea, 2006)* (ver Caixa 0.1 acima). McCrea, (2006) salienta que, na conferência, os delegados ratificaram a Carta de Belgrado e, mais tarde, delinearam a estrutura básica da educação ambiental. Na sequência da Conferência de Belgrado, a recomendação da segunda Conferência Intergovernamental fundamental realizou-se em Tbilisi, na República da Geórgia, em 1977, e é designada por Declaração de Tbilisi de 1977 (ver Caixa 0.1 supra).

A declaração é um dos documentos formativos que estabeleceu a sua estrutura e princípios a partir dos resultados da conferência de Belgrado em 1975. A conferência acordou metas e objectivos que melhorarão a ética ambiental (com base nos valores existentes) e uma compreensão holística das questões ambientais. A declaração também defende a necessidade de formar especialistas em ambiente com os conhecimentos e competências necessários (UNESCO/PNUA, 1997).

No entanto, as principais directrizes destes resultados em matéria de EA continuam a ser utilizadas por muitos educadores ambientais da atualidade. Hungerford et al, (1980) destacaram quatro objectivos para o desenvolvimento do currículo em educação ambiental

(1) Conhecimento dos fundamentos ecológicos,

(2) Consciência concetual,

(3) Investigação e avaliação, e

(4) Ação e competências ambientais baseadas na Carta de Belgrado e na Declaração de Tbilisi de 1977.

Cada objetivo destacado tem o seu próprio conjunto associado de competências e conhecimentos que os alunos têm de compreender. Além disso, os objectivos da Declaração de Tbilissi salientam a educação **sobre/para o** ambiente, de modo a desenvolver uma consciência ambiental, conhecimentos e atitudes aceitáveis na sociedade.

Apesar de todos estes objectivos, o objetivo da educação ambiental é desenvolver a consciência, o conhecimento e a compreensão das interacções homem-ambiente. Eames et al. (2008) salientaram que a educação ambiental pode ser vista no ensino tradicional das ciências ambientais. Embora o objetivo da educação **sobre/para o** ambiente seja aumentar a sensibilização, o conhecimento e a atitude dos alunos, é necessário ir mais além, de modo a permitir que os alunos participem ativamente nos processos de tomada de decisões para o desenvolvimento do ambiente.

Olhando para a longa génese histórica da EA e tendo em conta o desenvolvimento ambiental sustentável nos países desenvolvidos, pode concluir-se que a EA deve passar a ser uma disciplina obrigatória nos níveis primário e secundário em países em desenvolvimento como a Nigéria, a fim de educar os estudantes para uma ética ambiental adequada na sociedade.

## 2.6 EE como uma ferramenta para o desenvolvimento sustentável

Os cientistas e investigadores só podem defender um ambiente sustentável, ajudando o processo, embora de forma limitada (Nath, 2009). O modo como a humanidade trata o ambiente natural depende do nível da sua própria consciência, conhecimento e atitude. Por conseguinte, para alcançar um ambiente natural sustentável, é necessário educar a humanidade no seu próprio contexto de problemas ambientais criados pelo homem em resultado das suas actividades. No entanto, a educação foi identificada como uma componente essencial para o desenvolvimento sustentável e o seu papel na aquisição de conhecimentos através de práticas de aprendizagem bem sucedidas.

No entanto, o termo "desenvolvimento sustentável" foi utilizado aquando da publicação do Relatório Brundtland (WCED, 1987). A ONU (1987) define o desenvolvimento sustentável "*como o desenvolvimento que satisfaz as necessidades do presente sem comprometer a capacidade das gerações futuras de satisfazerem as suas próprias necessidades*".

Além disso, o Relatório Brundtland (1987), também designado por "Relatório do Futuro Comum", é o documento de base da ONU (1987) que conduziu à "Agenda 21" sobre o desenvolvimento sustentável. A "Agenda 21" é o resultado da documentação da Cimeira da Terra, realizada no Rio de Janeiro em 1992, que se centra na EA para a reorientação do desenvolvimento sustentável (Tilbury, 1995, p. 4). A cimeira enfatizou que, para alcançar o desenvolvimento sustentável, é necessária uma responsabilidade ambiental participativa nos processos de tomada de decisão (Agenda 21, 2011). Por outro lado, o objetivo desta cimeira também capacita a população mundial para as inovações e a criatividade locais com menos tecnologia que possa afetar o ambiente (UNESCO-ACEID, 1997). Do mesmo modo, a identificação dos objectivos da Agenda 21 coincide inicialmente com a declaração da Carta de Belgrado de 1975 e com a Declaração de Tbilisi de 1977. No entanto, para se conseguir um ambiente sustentável, é necessário que a sociedade desenvolva uma consciência, um conhecimento e uma atitude ambientais enriquecedores. Partiu-se do pressuposto de que, quando o conhecimento é transmitido, a pessoa é motivada a agir. Este facto corrobora as conclusões de Gouldson e Sullivan (2012), segundo as quais existe uma ligação entre o conhecimento e as atitudes e entre as atitudes e o comportamento.

# CAPÍTULO TRÊS: REVISÃO DA LITERATURA SOBRE O CONTEXTO DA EE NA NIGÉRIA

## 3.0 Introdução

O capítulo três analisa criticamente a breve história da EE na Nigéria, o sistema educativo nigeriano e a estrutura da EE no currículo educativo da Nigéria. Este capítulo também contribui para a formulação do resultado da investigação.

## 3.1 Breve história da EE na Nigéria

A Nigéria, enquanto país antes da colonização, não lidava com os desafios ambientais porque a população se limitava aos povos indígenas que viviam em aldeias e zonas rurais com actividades como as práticas agrícolas que incluem alimentos, gado e fibras, que são as suas fontes de subsistência. Essas actividades não constituíam problemas ambientais graves e, além disso, segundo Ladan (2009), não havia políticas destinadas a preservar e proteger o ambiente. No entanto, a era colonial obrigou a Nigéria, enquanto nação, a estabelecer uma estrutura institucional ambiental formal com poucas leis ambientais (Norris 2016). Conforme relatado por Adelegan, (2006), a lei de proteção ambiental da Nigéria já existia durante o domínio colonial britânico na década de 1900. De acordo com Robinson (2013), essas leis foram: "Water Ways Act (1915); Forest Ordinance (1937); Public Health Act (Amended 1958*)*. As poucas leis ambientais criadas aplicavam-se a actividades criminosas que podiam danificar o ambiente. Otu, (2010) concluiu que as questões ambientais não são abordadas de forma sustentável, do ponto de vista de um ambientalista. Além disso, após a independência da Nigéria em 1st de outubro de 1960, o país estabeleceu as suas próprias leis ambientais e manteve-se signatário de muitos acordos internacionais. Essas leis tratam de problemas ambientais graves na Nigéria (Bell et al., 2002).

As leis notáveis estabelecidas após a independência são a Petroleum Drilling and Production Regulation Act (1969); a Minerals Act (1969); o Land Use Decree (agora Act 1978); o Associated Gas Reinjection Decree (1979); a Federal Environmental Protection Agency Act (1989); o Natural

Resource Conservation Council (1989); a Environmental Impact Assessment Act (EIA 1992); a Federal Ministry of Environment Act (1999); a Oil Spill Detection and Response Agency (NOSDR2006) (de acordo com Robinson, 2013).

Posteriormente, os acordos internacionais mantidos pela Nigéria são a Convenção Mundial sobre o Comércio Internacional das Espécies da Fauna e da Flora Ameaçadas de Extinção (1973); a Convenção do Património Mundial (1978); a Convenção de Bona (1979); a Conservação das Espécies Migratórias da Fauna Mundial (1979); Convenção de Basileia sobre o Controlo dos Movimentos Transfronteiriços de Resíduos Perigosos e sua Eliminação (1987); Convenção sobre a Diversidade Biológica (1992); Convenção-Quadro das Nações Unidas sobre as Alterações Climáticas (1992); Convenção de Viena (1994); União Internacional para a Conservação da Natureza e dos Recursos Naturais (Diretriz da UICN de 1996) (de acordo com Robinson, 2013).

Progressivamente, mesmo na era colonial britânica, foi identificado que as leis ambientais não são suficientes para resolver os problemas ambientais crescentes causados pela exploração britânica que conduziu ao aumento da população e da urbanização. Neste contexto, era absolutamente essencial que a Grã-Bretanha integrasse componentes ambientais no sistema educativo da Nigéria. Seguiu-se uma seleção de tópicos ambientais que foram integrados em disciplinas como a biologia, a geografia, as ciências agrícolas e os estudos sociais, que são originários do sistema de ensino britânico. Segundo Ahove (2011), essas componentes integradas dos temas eram a conservação do solo, a higiene e o estudo da natureza. Estas componentes de tópicos integrados não são originárias de conteúdos locais nigerianos sobre questões ambientais. Assim, só em fevereiro de 1970 é que o Programa de Educação Científica para África (SEPA) introduziu os conteúdos curriculares autóctones africanos, a fim de melhorar o sistema educativo com conteúdos autóctones locais. Esta oportunidade permite a integração de tópicos de EA em componentes de outras disciplinas de ensino nos currículos escolares. No entanto, em 1988, registou-se um incidente de descarga de resíduos tóxicos no porto de Koko, no estado do Delta, na Nigéria. Cerca de 4000 toneladas de resíduos tóxicos e perigosos foram despejados na costa por um sindicato internacional (Osibanjo, 1998; Simpsom e Fagbohun, 1998; Atseguna et al., 2004). Esta situação afectou os residentes da comunidade, causando sérios riscos para a saúde da sua água potável devido à sua incapacidade de identificar o impacto ambiental que levou à poluição da água no seu ambiente. Esta situação levou o governo federal a agir, ordenando ao Conselho de Investigação e Desenvolvimento Educacional da Nigéria (NERDC) que integrasse os temas da educação ambiental na disciplina de ensino de curta duração denominada "educação para a cidadania" em 1990 (Bosah, 2013). Seguiu-se a criação do primeiro departamento de EA na Universidade de Calabar através dos esforços de colaboração do NCF e do WWF-UK (Ahove, 2011). O objetivo desta iniciativa era educar eficazmente a sociedade sobre o ambiente, tal como previsto pelo Governo Federal da Nigéria (FGN). Relativamente, outras instituições terciárias que criaram departamentos de EA são a Universidade de Benin e a Universidade Estatal de Lagos. Apesar de tudo, pode concluir-se que a integração da EA como disciplina única no contexto do currículo indígena local na Nigéria continua a ser uma necessidade absoluta, uma vez que irá abordar a situação ambiental atual e futura do país.

## 3.2 Breve análise do sistema educativo nigeriano

Os educadores concordaram, num contexto global, que a educação é um instrumento de transformação social e económica (Igbokwe 2015). A capacidade de expandir o capital humano, que é essencial para resolver os desafios actuais e futuros da globalização, reside no desenvolvimento de sistemas educativos (Dike, 2004). Por conseguinte, as instituições de ensino na Nigéria são públicas (propriedade do governo) e privadas (propriedade individual) (República Federal da Nigéria, 1981).

Normalmente, o governo possui escolas (públicas) na Nigéria, que obtêm o seu principal financiamento a partir da afetação federal regular. Infelizmente, estas dotações são demasiado baixas, apesar do papel da educação no desenvolvimento do país. As estatísticas das dotações entre 2011 e 2010 (Banco Central da Nigéria, 2010) revelaram que 14% do orçamento nigeriano foi afetado ao sector da educação e continuou a diminuir em comparação com outros países africanos (Programa das Nações Unidas para o Desenvolvimento, 2011).

Além disso, a repartição dessas dotações federais é desproporcionada, sendo que o ensino superior recebe a maior parte do orçamento da educação (Hinchlifee, 2002); enquanto a parte restante vai para o ensino primário e secundário, respetivamente. Muitos tipos de investigação (como Omoregie, 2005; Jaiyeoba e Atanda, 2003; Moja, 2000; Ministério Federal da Educação, 2003) relacionaram o financiamento inadequado do sector educativo com a degradação das infra-estruturas, a atitude negativa dos professores e a perda de valores na sociedade.

No entanto, o sistema educativo nigeriano sofreu uma viragem em 1977, após o lançamento da Política Nacional de Educação, com o objetivo de reformar a estrutura do sistema educativo, incluindo o currículo. A política estabeleceu princípios e directrizes para o sistema educativo na Nigéria com vista à eficiência e unidade nacionais. A política introduziu o modelo de sistema educativo 6-3-3-4, que consiste em 6 anos para o ensino primário, 3 anos para o ensino secundário júnior (JSS), 3 anos para o ensino secundário sénior (SSS) e 4 anos de ensino universitário, de acordo com (Amaghionyeodiwe et al, 2006). Além disso, os objectivos desta política foram alargados e reestruturados para incluir o ensino pré-escolar para crianças com menos de 2 a 3 anos de idade, o ensino primário é obrigatório e gratuito, com uma duração de 6 anos para crianças com menos de 6 a 11 anos de idade (Amaghionyeodiwe et al, 2006) (ver Fig.4 abaixo).

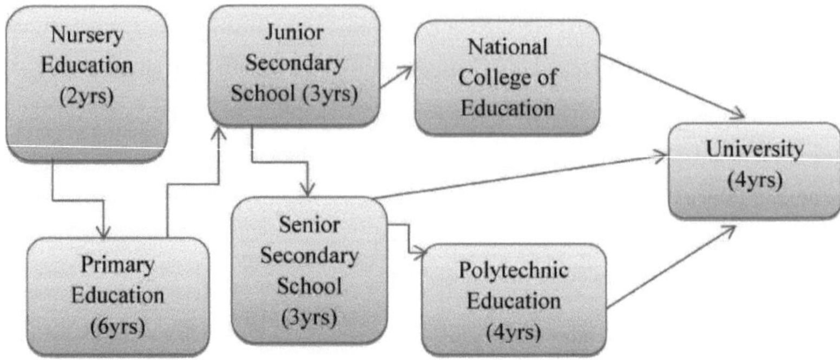


Fig. 4: Representa os canais nos sistemas educativos da Nigéria.

Consequentemente, o Segundo Congresso Internacional sobre o Ensino Técnico e Profissional, realizado em Seul, na República da Coreia, em 1999, identifica que as práticas adequadas melhorarão o sector educativo e as exigências sociais do futuro em todo o mundo (UNESCO, 1999).

Na sequência do resultado do congresso, o Governo Federal da Nigéria, liderado pelo antigo Presidente OlusegunObasanjo, actuou rapidamente através do Ministério da Educação, introduzindo programas de Ensino Básico Universal (UBE) no ano de 1999. Assim, os sistemas educativos foram parcialmente reestruturados num currículo de ensino básico de 9 anos nas escolas primárias e secundárias (JSS) (ver Quadro 2 abaixo)

| **Lower Basic Education Curriculum** | **Middle Basic Education curriculum** | **Upper Basic Education curriculum** |
|---|---|---|
| **PRIMARY 1-3** | **PRIMARY 4-6** | **JSS1-3** |
| **Core Compulsory Subjects** | **Core Compulsory Subjects**<br>1.English Studies | **Core Compulsory Subjects** |

| 1.English Studies<br>2.One Major Nigeria Language (Hausa, Igbo or Yoruba)<br>3.Mathematics<br>4.Basic Science and Technology<br>5.Social Studies<br>6.Civic Education<br>7.Cultural and creative Arts(CCA)<br>8.Christain Religious Studies/Islamic Studies<br>9.Physical and Health Education(PHE)<br>10.Computer Studies/ICT | 2.One Major Nigeria Language (Hausa, Igbo or Yoruba)<br>3.Mathematics<br>4.Basic Science and Technology<br>5.Social Studies<br>6.Civic Education<br>7.Cultural and creative Arts<br>8.Christain Religious Studies/Islamic Studies<br>9.Physical and Health Education(PHE)<br>10.Computer Studies/ICT | 1.English Studies<br>2.One Major Nigeria Language (Hausa, Igbo or Yoruba)<br>3.Mathematics<br>4.Basic Science and Technology<br>5.Social Studies<br>6.Civic Education<br>7.Cultural and creative Arts(CCA)<br>8.Christain Religious Studies/Islamic Studies<br>9.Physical and Health Education(PHE)<br>10.Basic Technology<br>11.Computer Studies/ICT |
|---|---|---|
| **Elective Subjects**<br>1.Agriculture<br>2.Home Economics<br>3.Arabic Language | **Elective Subjects**<br>1.Agriculture<br>2.Home Economics<br>3.Arabic Language | **Elective Subjects**<br>1.Agriculture<br>2.Home Economics<br>3.Arabic Language<br>4.Business Studies |
| **Note:**<br>Must offer 1 elective but not more than 2 | **Note:**<br>Must offer 1 elective but not more than 2 | **Note:**<br>Must offer 1 elective but not more than 3 |

A Tabela 2 representa a estrutura do currículo do ensino básico de 9 anos.

Fonte: Igbokwe, (2015)

Os objectivos deste currículo reestruturado eram apoiar o resultado do congresso em conformidade com os Objectivos de Desenvolvimento do Milénio (ODM) e agora com os Objectivos de Desenvolvimento Sustentável (ODS) na Nigéria. Os Objectivos de Desenvolvimento Sustentável, que visam especificamente a erradicação total do analfabetismo, controlam a rápida urbanização, o crescimento da população e o aumento do ensino técnico e profissional (Obioma, 2011). No entanto, o início da reforma curricular na Nigéria apenas oferece oportunidades de aprendizagem das ciências, tecnologia, matemática e ensino profissional sem ter em conta o crescente estado de devastação do ambiente no país. Por conseguinte, esta investigação foi realizada para compreender o impacto significativo da EA se for integrada como disciplina única no currículo educativo da Nigéria.

### 3.3 Estrutura da EE no currículo educativo da Nigéria

A educação na primeira infância é o ponto de partida para o desenvolvimento de uma criança e a base fundamental do sistema educativo da Nigéria (Obiweluozor, 2015). Este tipo de educação é reconhecido pela Política Nacional de Educação da Nigéria (FRN, 2012). No entanto, antes da introdução da Educação Básica Universal (UBE) em 1999, o Conselho de Investigação e Desenvolvimento Educacional da Nigéria (NERDC) também desenvolveu, em 1998, um protótipo de currículo para o ensino de várias disciplinas com componentes de EA como tópicos. A razão para tal foi o estabelecimento de competências de aprendizagem amigas do ambiente através da utilização eficaz de oportunidades de ensino adequadas que envolvam interacções ambientais (Okukpon, 2008). Para além disso, concluiu-se que o objetivo deste protótipo de currículo concebido era criar consciência ambiental, conhecimento e atitude no sentido de melhorar a literacia ambiental em todo o sistema educativo formal (Norris 2016).

No entanto, a integração da EA como tópicos nas disciplinas existentes do currículo do ensino primário e secundário na Nigéria constitui abordagens interdisciplinares (Okukpon 2008). As abordagens interdisciplinares utilizadas centralizam a EA nos níveis do ensino primário em torno de questões de higiene ambiental, enquanto que, nos níveis do ensino secundário, esses tópicos foram centralizados em torno de disciplinas como a geografia, a biologia e as ciências agrícolas. Além disso, essas estratégias estão em conformidade com as abordagens interdisciplinares enfatizadas pela Carta de Belgrado de 1975 e pela Declaração de Tbilisi de 1977.

Pelo contrário, Adedoyin (1988) defende que a EE deve ser ensinada como uma disciplina única (ver capítulo 6 na secção 6.2.2). Este argumento foi também apoiado por Adebisi e Olawapo (1977) quando recomendaram 'estudos sociais' como uma disciplina única no currículo do sistema educativo da Nigéria, desde o ensino primário até ao ensino secundário.

Acima de tudo, o criador do currículo com o governo da Nigéria deve considerar a integração da EE como uma disciplina única com recomendações apropriadas, conforme discutido no capítulo 8, a fim de alcançar um ambiente sustentável no país.

# CAPÍTULO 4

## MATERIAIS E METODOLOGIA

### 4.0 Introdução

Esta secção descreve a área de estudo, as técnicas e os métodos de recolha e análise de dados.

### 4.1 Descrição da área de estudo.

O estado de Lagos é identificado como uma das cidades de crescimento mais rápido do mundo (ver Figura 5) (LBS, 2010). A cidade de Lagos, como é chamada pelos seus residentes, é o centro comercial da Nigéria, com uma densidade populacional de 5.926 pessoas por quilómetro quadrado (Oshodi, 2013). A cidade é importante para os estados vizinhos devido ao seu porto marítimo e aos centros de fabrico com o maior número de empresas multinacionais (Phillips e Horwood, 2007). Prevê-se que a população atinja 25 milhões de pessoas em 2015 (Igbinomwanhia, 2011) nos 20 LGA do estado.

Figura 5: Mapa do estado de Lagos mostrando as áreas de governo local.

Fonte:https://fluswikien.hfwu.de/images/1 /15/LAGO S_STATE_MAP.jpg

A área de estudo insere-se no Ifako-Ijaye LGA do estado de Lagos, como se pode ver no mapa. A população total dos residentes ascende a 844 268 e está localizada na parte norte do Estado (LBS, 2010). A urbanização em Ifako-Ijaiye LGA deu origem a vários desafios ambientais, como o aumento da poluição, a industrialização e a eliminação incorrecta de resíduos sólidos. As escolas nesta área são governamentais ou propriedade individual, como a pré-primária, a primária, a escola secundária júnior e a escola secundária sénior, com alunos de ambos os sexos (ver Quadro 3 abaixo).

| Table.3 .SCHOOL POPULATION ENROLMENT BY SEX IN IFAKO IJAIYE LOCAL GOVERNMENT | | | | |
|---|---|---|---|---|
| TYPE | Number of schools | Boys | Girls | Total |
| Pre-primary | 7 | 559 | 580 | 1,139 |
| Primary | 25 | 6,163 | 6,232 | 12,395 |
| Junior secondary school | 7 | 7,693 | 7,282 | 14,975 |
| Senior secondary school | 7 | 4,778 | 4,096 | 8,874 |
| Total | 46 | 19,193 | 18,190 | 37,383 |

Fonte: Relatório do Censo do Estado de Lagos 2009 - 2010.

## 4.2 Quadro metodológico

O quadro metodológico inclui fontes primárias e secundárias de recolha de dados.

(A) As fontes primárias implicam a recolha de dados para obter informações através de entrevistas, observação, inquérito e aplicação de questionários.

(B) As fontes secundárias envolveram o estudo da estrutura curricular, publicações, artigos, fontes da Internet e relatórios sobre educação ambiental e estudos de casos.

Os métodos aplicados na parte empírica desta tese são a análise qualitativa e quantitativa. Marcinkowski (1993) descreve a utilização destes dois métodos de investigação para a previsão, o controlo e a explicação da investigação. Muitos autores referem que a escolha do método utilizado determinará todo o resultado da investigação.

## 4.3 O percurso de investigação

A investigação divide-se em duas partes.

A primeira parte é a investigação social com a utilização de questionários para determinar o nível de consciencialização, conhecimento e atitudes dos alunos e professores consultados. A segunda parte é a investigação experimental através da utilização de caixotes do lixo de plástico nas salas de aula dos alunos para observar o nível de sensibilização, conhecimento e atitude dos alunos relativamente à questão dos métodos de separação de resíduos no seu ambiente escolar.

### 4.3.1 Dados obtidos e abordagem

Para atingir o objetivo associado à investigação, foi utilizada a abordagem qualitativa, com enfoque na qualidade dos dados obtidos na investigação (Bryman, 2004). Os dados utilizados foram obtidos através de fontes primárias e secundárias. Um número total de 82 questionários foi partilhado aleatoriamente entre 66 alunos e 22 professores e o número total destes questionários partilhados foi recebido de volta para análise de dados.

### 4.3.2 Escolha das partes interessadas

As partes interessadas são os directores das escolas, os professores e os alunos. Todas estas partes interessadas foram entrevistadas em conformidade.

### 4.3.3 Entrevistas

A recolha de informações foi efectuada através de entrevistas qualitativas para obter uma compreensão mais profunda dos alunos e dos professores. De acordo com as conclusões de Berg (2009) e Bryman (2004), as entrevistas proporcionam a oportunidade de recolher informações sólidas dos inquiridos sobre o assunto em questão. As entrevistas ajudaram a recolher mais informações sobre a investigação com o objetivo de formular uma discussão significativa.

### 4.3.4 Entrevistas de grupo com directores de escolas e professores

Foi realizada uma entrevista de grupo com o diretor da escola e os professores das respectivas escolas. Foi pedido aos professores que descrevessem as suas matérias de ensino, os métodos de ensino nas salas de aula e a importância de integrar a educação ambiental como uma disciplina única no currículo. Todas as suas respostas contribuíram também para este trabalho de investigação.

### 4.3.5 Planos de estudo

O estudo teve lugar em duas escolas secundárias seleccionadas aleatoriamente no estado de Lagos, na Nigéria, como investigação social e experimental (ver Fig. 6 e 7). Na parte da investigação social, esta consiste na utilização de questionários para determinar o nível de consciencialização, conhecimento e atitudes dos alunos e professores. Em seguida, na parte da investigação experimental, foram introduzidos métodos de separação de resíduos nas salas de aula dos alunos, a fim de observar o seu nível de sensibilização, conhecimento e atitude em relação ao ambiente. Além disso, foram realizadas observações de actividades de educação ambiental nas escolas primárias da área de estudo do governo local de ifako-Ijaiye, no estado de Lagos, na Nigéria.

Figura.6 Colégio modelo da igreja africana como a primeira escola escolhida para esta investigação.

Figura.7 A segunda escola escolhida para a investigação foi a Sonmori Senior comprehensive high school.

### 4.3.6 Investigação experimental Observação do nível de consciencialização, conhecimento e atitude dos alunos.

A investigação experimental foi conduzida para observar o nível de consciencialização, atitude e conhecimento dos alunos relativamente ao ambiente nas suas salas de aula. Isto foi demonstrado num breve procedimento através da utilização de plásticos de caixotes do lixo nas salas de aula dos alunos. Em primeiro lugar, foi dada uma explicação aos alunos sobre o funcionamento do conceito de reciclagem e os seus benefícios para um ambiente sustentável. Depois, o número total de (9) nove caixotes do lixo de plástico foi distribuído proporcionalmente por três (3) salas de aula diferentes. Um contentor foi identificado para a recolha de plásticos, um para a recolha de papéis e outro para a recolha geral de resíduos. Em segundo lugar, foram efectuadas regularmente visitas sem aviso prévio para observar a mudança de abordagem dos alunos em relação ao procedimento (ver Fig. 8, 9, 10 e 11).

Figuras 8 e 9 salas de aula com amostras de plásticos dos caixotes do lixo e do ambiente escolar.

Figura.lO&ll salas de aula com amostras de plásticos do caixote do lixo e o ambiente.

## 4.4 Materiais

Os materiais utilizados foram a máquina fotográfica, o gravador, os plásticos do caixote do lixo e os questionários de investigação; estes materiais foram utilizados com o objetivo de obter informações e de melhorar a descrição e a compreensão deste trabalho de investigação.

### 4.4.1 Análise dos dados

Existem vários métodos que podem ser aplicados na análise de dados quantitativos e qualitativos. Para uma avaliação e análise aprofundadas, foi utilizada a identificação sistemática e objetiva. Esta técnica foi citada por Holsti (1968 in Berg, 2009 pg. 341) para fazer inferências através da identificação sistemática e objetiva de características especiais.

### 4.4.2 Questionários

Muitos investigadores utilizaram questionários para testar as atitudes, os conhecimentos e os comportamentos dos seres humanos em relação ao ambiente (Bunting e cousins 1983; Mckechine 1971; Zimmerman 1996b). Nesta investigação, o teste de escolha múltipla (MCT) é utilizado para demonstrar e explicar por que razão o indivíduo escolheu uma determinada resposta. No entanto, algumas partes dos questionários contêm também uma escala de opinião variável, designada por escala de Likert, com respostas que variam entre "concordo ou discordo" e perguntas de resposta livre, que permitem compreender claramente as perspectivas dos alunos e dos professores em relação ao seu ambiente (ver apêndices dos questionários).

# CAPÍTULO 5

## ANÁLISE E AVALIAÇÃO

### 5.0 Introdução

Esta secção apresenta a análise e a avaliação da investigação social e experimental.

### 5.1 Parte I: Investigação social da interpretação do questionário do professor (TQI)

Os dados recolhidos dos questionários foram analisados através de uma representação interpretativa, como tabelas, gráficos de barras e gráficos de pizza. Foi recolhido um número total de 22 questionários dos professores, que foram seleccionados aleatoriamente como questionários de interpretação dos professores (IQP). (Ver Apêndice 1: Questionários dos professores).

### 5.1.1. Interpretação do questionário dos professores (IQP)

A interpretação das perguntas dos professores segue o padrão utilizado nos questionários avaliados.

### 5.1.2. TQI1: Descreva sucintamente as suas matérias de ensino

Durante este estudo, as disciplinas escolares dos professores foram avaliadas para determinar a componente dos tópicos de Educação Ambiental incluídos nos currículos, como se pode ver na figura abaixo.

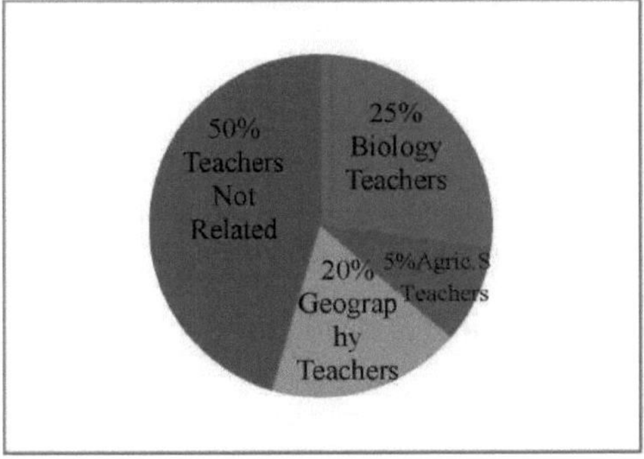


Figura 12 Disciplinas leccionadas relacionadas e não relacionadas com temas ambientais.

Observou-se na figura 12 que 25% dos professores estão a ensinar biologia, 5% dos professores estão a ensinar ciências agrícolas e 20% dos professores estão a ensinar geografia. Estas 3 disciplinas têm tópicos de EE integrados e só são ensinadas nas escolas secundárias superiores (SSS). Além disso, foi identificado a partir do currículo do ensino básico universal (UBE), como mostra a Tabela 2, que não existem componentes de tópicos integrados no currículo das disciplinas para os alunos do ensino primário ao ensino secundário júnior (JSS). Apesar disso, quase 50% dos professores leccionaram temas sem componentes de EA nas suas aulas, o que não é desejável para o desenvolvimento da consciência, do conhecimento e da atitude dos alunos na sociedade.

### 5.1.3. TQI 2: Descreva sucintamente os seus métodos de ensino

Durante as entrevistas e observações, verificou-se que os métodos de ensino dos alunos nas salas de aula eram os trabalhos práticos, as aulas teóricas, os seminários e os grupos de discussão, como se pode ver na Figura 13, que também são bons para a aprendizagem da EA. No entanto, olhando para o fenómeno dos problemas ambientais na Nigéria, pode concluir-se que é necessário melhorar os vários métodos de ensino se a EA for integrada nos currículos. (Ver mais informações sobre os métodos de ensino no capítulo 6, secção 6.2.2).

Figura 13 Alguns dos métodos de ensino utilizados em várias escolas do estado de Lagos.

Source:http://images.google.de/imgres?imgurl=http%3A%2F%2Fwww.logbaby.com%2Ffiles%2Fupload%2Fhtmleditor%2Floral%252520internationa%252520schools%252520-%252520lagos%252520 %252520food%252520and%252520nutrition%252520 class.jpg&imgrefurl=http° /o3A° /o2F° /o2Flogbaby.com%2Fdirectory%2Floral-mtemational-schools--lagos_11994.html&h=301 &w=975&tbnid=IBkOe6x_lRWPM%3A&docid=11giYBF9SgqvTM&ei=QBqaV73bEc_VsAHSv72gAw&tbm=isch&iact=rc&uact =3&dur=350&page=6&start=79&nds p=15&ved=0ahUKEwi9-73YspbOAhXPKiwKHdJfDzQQMwjVAShaMFo&bih=509&biw=1093

### 5.1.4. TQI 3: A educação ambiental como disciplina única é necessária nas escolas?

De acordo com o gráfico de pizza (Figura 14), 95% dos professores concordaram que é necessário integrar a EE como uma única disciplina nas escolas primárias e secundárias, enquanto 5% discordaram.

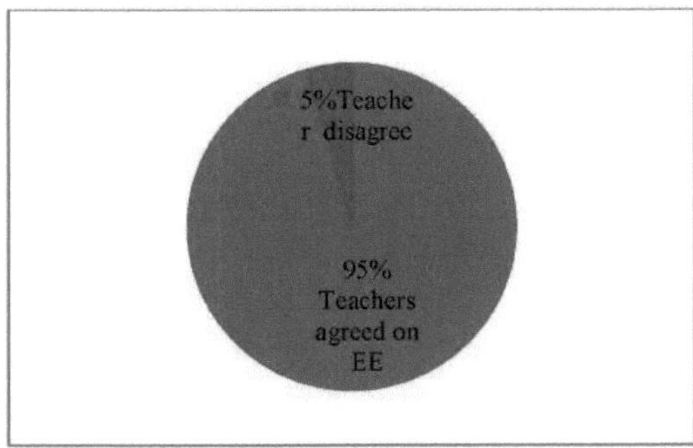


Figura 14 Número de professores que concordam e discordam da inclusão da EE como disciplina.

Os professores entrevistados concluíram na sua discussão que a integração da EA como disciplina única aumentará a consciencialização, o conhecimento e a atitude dos alunos, que são necessários para a sociedade. No entanto, 5% dos professores argumentaram que a EA já foi integrada na componente de disciplinas relacionadas com tópicos. Eles também apontaram que a integração da EA como uma única disciplina no currículo causará sobrecarga de horários para os alunos (ver mais discussão no capítulo 6 na secção 6.2.1).

### 5.1.5. TQI 4: A escola pode promover a educação ambiental?

A opinião dos professores foi que a integração da EA como uma disciplina única promoverá o desenvolvimento sustentável nas escolas e também na sociedade. Todos concordaram que a EA deve ser integrada no currículo de forma a educar os alunos **no/sobre/para o** ambiente. Assim, isto irá melhorar a consciência ambiental, o conhecimento e a atitude dos alunos. No entanto, um professor sugeriu que, se a EA for integrada como uma disciplina única, as oportunidades de aprendizagem não ficarão limitadas à sala de aula, mas serão alargadas à comunidade. Ele enfatizou que as escolas sozinhas não podem mudar a atitude de todos em relação ao seu ambiente, mas isso pode ser alcançado através da cooperação entre as famílias, a comunidade e o governo.

### 5.1.6. TQI 5: A sua escola mostra alguma preferência por práticas ambientais?

A documentação recolhida durante as entrevistas revela que as escolas organizam práticas ambientais como o saneamento ambiental, que ocorre uma vez por mês; os alunos são divididos em diferentes grupos para tarefas ambientais específicas. Essas tarefas são a plantação de árvores, a lavagem de casas de banho, o corte de ervas e a prática da higiene. Estas actividades são bastante semelhantes em algumas escolas primárias e secundárias investigadas (ver Figura 15, 16 e 17 abaixo)

As figuras 15 e 16 mostram actividades de EE em algumas escolas primárias da área de estudo.

Figura 17 Plantação de árvores como parte das actividades de EE nas escolas investigadas.

Fonte: http://apostlebahago.blogspot. co.uk/2015_07_01_archive.html.

### 5.1.7. TQI 6: Adoção da Sustentabilidade como Estratégia da Escola

De acordo com os relatórios das escolas investigadas, observou-se que as escolas adoptaram a estratégia de sustentabilidade introduzida como clube das alterações climáticas, clube Lawma e Embaixadores dos Esgotos nas escolas primárias e secundárias pelo Governo do Estado de Lagos (ver Figura 18). No entanto, estas estratégias introduzidas pelo governo estatal melhoraram o conhecimento ambiental dos alunos. No entanto, nos últimos tempos, a não continuidade dessas estratégias tem assistido a um retrocesso na adoção adequada das mesmas nas escolas, o que fez diminuir a consciência ambiental, o conhecimento e a atitude dos alunos.

Figura 18 Clube das alterações climáticas introduzido pelo Estado de Lagos e pelas suas agências.

Fonte: http://4.bp.blogspot.com/-lf2BkgmU_I8/VTqzIrIEbLI/AAAAAAAAAlU/M3JDW93STn4/s1600/IMG_1692.jpg.

### 5.1.8. TQI 7: Que questões ambientais e ecológicas devem ser tratadas com urgência pelo Governo?

A Tabela 4 abaixo representa a classificação dos professores sobre tópicos ambientais/ecológicos numa escala de 10 a 1. A 'poluição atmosférica' foi classificada com o número mais elevado; isto deve-se ao elevado aumento das actividades humanas descontroladas, especialmente as emissões de gases com efeito de estufa que são comuns na área de estudo. Entretanto, o número mais baixo foi atribuído ao 'ecossistema' como atópico, porque o benefício não é diretamente visível no ambiente.

A Tabela 4 indica a classificação dos professores relativamente aos temas ambientais e ecológicos numa escala de 10 a 1.

| Environmental/Ecological Topics | Number of marked entries |
|---|---|
| Air pollution | 10 |
| Water Pollution | 7 |
| Coastal Management | 6 |
| Soil Contamination | 5 |
| Food Production | 5 |
| Climate Change | 4 |
| Waste Management | 3 |
| Water Cycle | 2 |
| Ecosystem | 1 |

### 5.1.9. TQI 8: Que tópico selecionado deve ser integrado no currículo a partir de cima?

A figura 19 mostra os temas seleccionados pelos professores nos questionários que deveriam ser incluídos no currículo de educação ambiental. A maior preferência foi dada ao "ecossistema", porque não está presente no currículo em curso e será do seu especial interesse ensinar. Entretanto, a preferência mais baixa foi dada à "gestão dos transportes" porque não é relevante na vida quotidiana dos alunos, de acordo com a opinião dos seus professores.

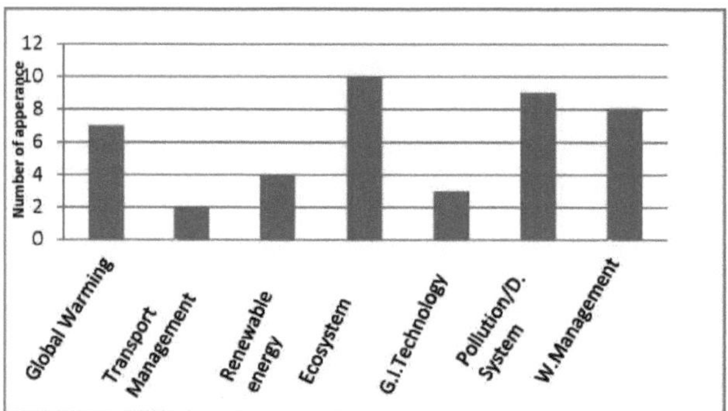


Figura 19 Tópicos ambientais específicos classificados pelos professores como devendo ser incluídos no currículo.

Outros tópicos que tiveram maior preferência foram 'controlo da poluição/sistema de drenagem', 'aquecimento global' e 'gestão de resíduos' e tecnologia da informação geográfica, que devem ser incluídos no currículo como parte dos tópicos de integração da EE.

### 5.1.10. TQI 9: O que acha que pode ser feito para promover a consciencialização ambiental?

Os resultados recolhidos nos questionários indicam que a sensibilização ambiental só pode ser promovida através da educação contínua da população, o que permite que as pessoas participem efetivamente na mudança de comportamento democrático para um ambiente melhor. Isto implicará uma interação regular com grupos comunitários e outras partes interessadas relevantes para promover projectos ambientais locais e iniciativas locais. Isto pode ser concluído como responsabilidade ambiental participativa.

### 5.1.11. TQI 10: O que acha que pode ser feito para promover actividades ecológicas na Nigéria?

Os professores inquiridos revelaram que a promoção de actividades respeitadoras do ambiente deve começar com campanhas de sensibilização e programas que eduquem a sociedade para práticas ambientais sustentáveis. Sugeriram ainda que tal promoverá também a responsabilidade ambiental participativa, de modo a melhorar a consciência ambiental da sociedade.

## 5.2 Parte II: Investigação social do Questionário de Interpretação do Aluno (SQI)

Os dados recolhidos dos questionários foram analisados através de uma representação interpretativa, como tabelas, gráficos de barras e gráficos de pizza. Foi recolhido um número total de 60 questionários dos alunos, que foram seleccionados aleatoriamente como questionários de interpretação dos alunos (IQS). (Ver Anexo 2: Questionários dos alunos).

### 5.2.1. Interpretação do questionário dos alunos (IQS)

A interpretação das perguntas dos alunos segue o padrão utilizado nos questionários avaliados.

### 5.2.2. SQI1: Qual é o significado de Ecologia e Sustentabilidade?

Para determinar os conhecimentos dos alunos sobre o ambiente, foi-lhes pedido que definissem os termos "Ecologia" e "Sustentabilidade". Verificou-se que os alunos não

capazes de dar definições profundas destes termos. Por exemplo, os alunos entendem os conceitos de "ecologia" como a interação entre o homem, as plantas ou os animais, enquanto entendem "sustentabilidade" como a capacidade de sustentar o ambiente. Verificou-se, portanto, que os alunos não têm conhecimentos científicos profundos, mas são capazes de dar uma ideia básica, o que ainda está no caminho certo para identificar as definições desses conceitos.

### 5.2.3. SQI 2: Está atualmente inscrito em disciplinas como Ecologia ou Sustentabilidade?

A maioria das respostas dos questionários revela que os alunos não se inscreveram em qualquer disciplina ecológica ou sustentável nos currículos dos seus estudos. No entanto, alguns deles conseguiram adquirir conhecimentos relacionados com este efeito através de clubes escolares de estratégia sustentável organizados pelo governo do estado de Lagos, como o clube das alterações climáticas, o clube Lawma, o clube dos esgotos e discussões com amigos, familiares e professores.

### 5.2.4. IQS 3: Prefere que a educação ambiental seja integrada como disciplina única?

Como se pode ver na Fig. 20, 80% dos estudantes aceitam a ideia de integrar a educação ambiental como disciplina única no currículo do sistema educativo da Nigéria. Explicam ainda que isso ajudará a desenvolver a consciência ecológica, os conhecimentos e as atitudes em relação a práticas ambientais sustentáveis.

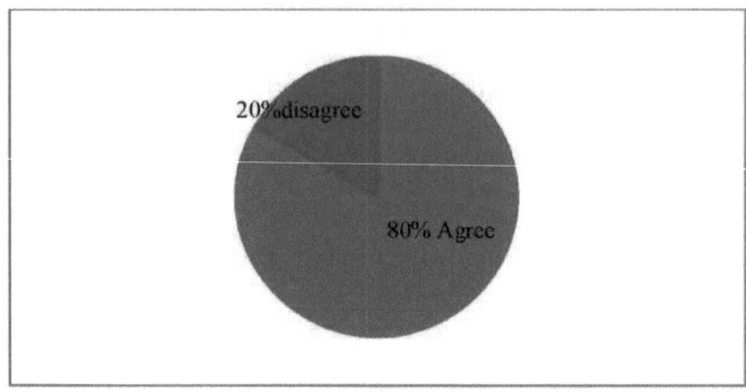


Figura 20 Números de alunos que concordam e discordam da inclusão da educação ambiental como disciplina única.

Entretanto, 20% dos estudantes discordaram e argumentaram ainda que a integração de EE como uma única disciplina sobrecarregará o horário (ver mais discussão no capítulo 6.2 na secção 6.2.1).

### 5.2.5 IQS 4: O conhecimento ambiental/ecológico é importante e como é que se aprende sobre ele?

A fig. 21 mostra que 60% dos estudantes entrevistados assinalaram "Sim" e, por conseguinte, concordaram que o conhecimento ambiental/ecológico é muito importante para a existência do ambiente. No entanto, 57% dos alunos aprendem sobre o ambiente nas suas instalações escolares, 52% dos alunos aprendem sobre o ambiente fora do seu ambiente escolar, 10% aprendem sobre o ambiente através dos meios de comunicação social e 23% dos alunos aprendem sobre o ambiente através de várias conversas com familiares, amigos e famílias.

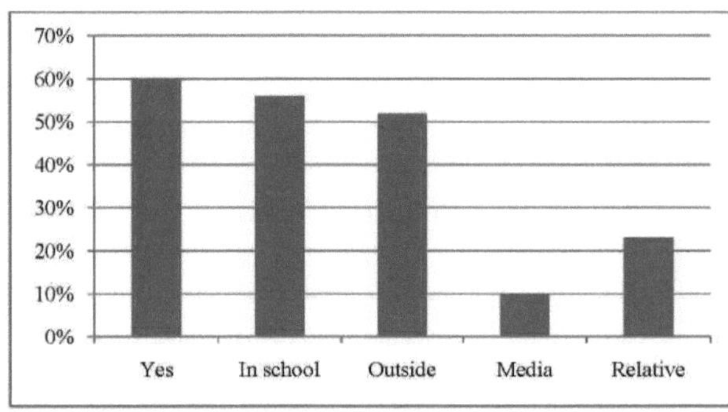


Figura 21 onde os alunos recolheram informações sobre educação ambiental.

Olhando para a percentagem elevada da escola a partir da figura, pode-se sugerir que a integração da EA como uma disciplina única no currículo escolar ajudará a melhorar a consciência, o conhecimento e a atitude ambiental dos alunos. Além disso, os meios de comunicação social devem defender mais as práticas ambientais sustentáveis, a fim de melhorar a responsabilidade ambiental da sociedade.

### 5.2.6 IQS 5: Tópicos ecológicos "com" ou "sem" conhecimentos

A Tabela 5 abaixo demonstra significativamente a diferença entre o número de alunos "com" e "sem" conhecimentos sobre temas ecológicos seleccionados. A maioria dos alunos pode ter ouvido falar desses temas ecológicos nas suas escolas ou nas suas comunidades.

| **Topic** | **No. of students with topic knowledge** | **No. of Students without topic knowledge** |
|---|---|---|
| Ecosystem | 49 | 5 |
| Coastal Management | 20 | 34 |
| Global Warming | 42 | 11 |
| Greenhouse Gases | 29 | 24 |
| Alternative Energy | 26 | 23 |
| Climate Change | 44 | 2 |
| Growth of Population | 49 | 3 |
| Water Cycle | 50 | 2 |
| Water Pollution | 48 | 0 |
| Waste Management | 49 | 1 |
| Transportation | 52 | 0 |
| Food production | 54 | 0 |

Tabela 5 Tópicos ecológicos **'com'** e **'sem'** conhecimento dos alunos.

Durante a entrevista, os estudantes consultados concordaram que todos estes tópicos são discutidos aleatoriamente pelos professores. Sugeriram ainda que estes tópicos podem ser integrados no currículo da EeE como uma disciplina única.

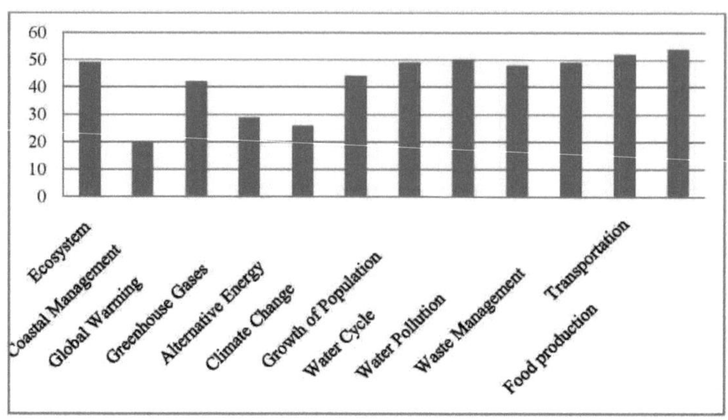


Figura 22 Alunos **"com conhecimentos"** sobre os tópicos mencionados no gráfico.

A Fig. 22 mostra que os alunos foram capazes de reconhecer os problemas no seu ambiente direto. A maior percentagem de tópicos foi dada à produção de alimentos, aos transportes, à gestão de resíduos, às alterações climáticas, ao crescimento da população, ao aquecimento global, à poluição/ciclo da água e ao ecossistema, devido ao contacto diário dos alunos na escola e no seu ambiente de vida.

No entanto, concluiu-se que os alunos atribuíram uma percentagem baixa a temas como a gestão costeira, os gases com efeito de estufa e as energias alternativas, o que pode estar relacionado com a falta de conhecimentos sobre esses temas na sua experiência quotidiana.

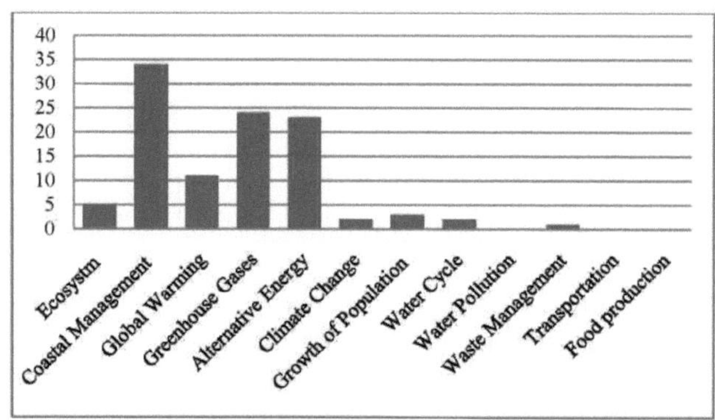


Figura 23 Alunos **"sem conhecimento"** dos tópicos mencionados no gráfico.

Comparando os dois gráficos de barras, pode deduzir-se que a análise da Fig. 22 reconfirmou o resultado da Fig. 23. Verifica-se que as avaliações das respostas dos alunos atribuíram a percentagem mais elevada a tópicos como gestão costeira, gases com efeito de estufa, energias alternativas e ecossistema. Enquanto a percentagem mais baixa de tópicos foi dada à produção de alimentos, transportes, gestão de resíduos, alterações climáticas, crescimento da população, aquecimento global, poluição/ciclo da água.

### 5.2.7. SQI 6: Acha que o Estado de Lagos pode promover a Educação Ambiental e como?

A maioria das respostas foi positiva quanto ao facto de o estado de Lagos promover a Educação Ambiental; sugeriram ainda que a EA deveria ser integrada como disciplina obrigatória no currículo, de modo a envolver todos os alunos na responsabilidade ambiental participativa. Entretanto, concluíram que a promoção da EA junto do público em geral pode ser feita através de programas educativos com experiências adicionais ao ar livre.

### 5.2.8. SQI 7: Em que nível de ensino a EE pode ser integrada no currículo?

Como se pode ver na Fig. 24, 53% de todos os estudantes concordaram que a EE deve ser integrada como uma disciplina única em todos os níveis do currículo educativo da Nigéria. No entanto, verificou-se que 49% dos estudantes consultados concordaram com a integração da EE em todo o nível secundário, 38% dos estudantes consultados concordaram com a integração da EE no nível primário e 20% dos estudantes consultados concordaram com a integração da EE no nível dos jardins-de-infância.

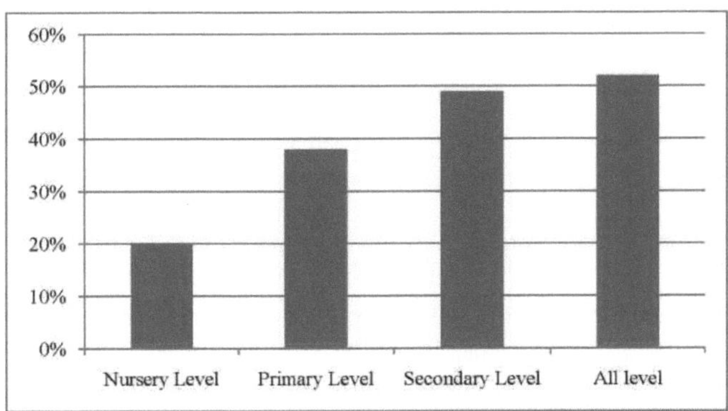


Figura 24 Diferentes níveis sugeridos pelos alunos para a educação ambiental integrada.

Em geral, pode concluir-se que todos os estudantes concordaram que a integração da EA é necessária na vida de uma criança para desenvolver a consciência ambiental, o conhecimento e a atitude em relação a uma prática ambiental sustentável nos primeiros anos. Isto está em conformidade com a opinião de Wilson (1996), ver capítulo 5 na secção 5.3.

## 5.3 Investigação experimental para observar o nível de consciencialização, conhecimento e atitude dos alunos

A investigação experimental escolhida, tal como descrita no capítulo 4 na secção 4.3.8, foi utilizada para observar o nível de sensibilização, conhecimento e atitude dos alunos.

O ponto de partida da experiência é apresentado nas Fig. 25 e 26, quando as salas de aula dos alunos estavam cheias de resíduos, antes de serem envolvidos no aspeto dos métodos de separação de resíduos que poderiam melhorar os seus comportamentos ambientais.

As figuras 25 e 26 mostram a sala de aula dos alunos cheia de resíduos.

Comparando as duas imagens, como se pode ver nas Fig. 27 e 28, observa-se uma mudança na atitude e no comportamento dos alunos. Os alunos foram capazes de ajustar a sua atitude neste momento, adoptando os métodos de separação de resíduos conforme demonstrado, mas sem uma garantia de tempo mais longo. Isso porque a pesquisa experimental não foi capaz de comprovar que a mudança na modificação do comportamento é internalizada. Mais ainda, esta projeção de atitudes e comportamentos em relação ao asseio das suas salas de aula pode estar relacionada com a visita anunciada do investigador, como prometido anteriormente. No entanto, a investigação mostrou que os conhecimentos foram transmitidos, as atitudes foram alteradas, pelo que se pode concluir que existe uma correlação entre as atitudes, os conhecimentos e a consciência dos alunos relativamente à sua responsabilidade ambiental participativa.

Figura 27&28 Os alunos adoptaram o método de separação de resíduos.

Isto decorre do pressuposto de que a educação pode levar a uma maior consciencialização e a uma mudança de atitude. Do mesmo modo, Henerson et al, (1987), definiram as atitudes como sentimentos, valores ou crenças das pessoas, enquanto Byers, (1996) sugeriu que o comportamento é a prática de decisões individuais ou colectivas. A observação da mudança de atitude e comportamento dos alunos apoia os argumentos de Bogovic e Cegar, (2010) de que a educação ambiental é essencial para a tomada de uma decisão responsável. No entanto, Wilson (1996) também contribuiu para que o conteúdo fundamental adequado de aprendizagem sobre o ambiente deve ser adaptado para as crianças nos seus primeiros anos. Estas sugestões seguem a nossa constatação de que a integração da EA como disciplina única em todos os níveis de ensino ajudará a construir um grande valor ambiental na sociedade.

No entanto, (Fig.20&21) mostrando os métodos de separação de resíduos aprendidos com esta investigação experimental melhorou os seus comportamentos ambientais. Além disso, isto apoia as suposições de que a EA não só conduzirá a um aumento da consciencialização, mas também melhorará os comportamentos ambientais (Disinger 1982; Marcinkowski 1987; Zelezny 1999). Isto também está relacionado com a descoberta de Lindemann-Matthies (2002) que concluiu que há um aumento no conhecimento dos alunos após a participação em programas de EA. Portanto, para alcançar comportamentos ambientais positivos, é apropriado integrar a EA como uma disciplina única para educar continuamente sobre o ambiente, a fim de alcançar uma internalização duradoura de comportamentos amigos do ambiente (ver mais discussão no capítulo 6 na secção 6.1).

Em suma, foi acordado por um académico internacional que a EA tem um enorme papel influenciador na formação do conhecimento, atitude e práticas comportamentais da sociedade para melhorar e proteger o ambiente natural (Clayton e Myers, 2009).

# CAPÍTULO 6

## DEBATE GENERALIZADO

### 6.1 Introdução

Esta secção aborda a investigação experimental, a revisão das perguntas básicas dos questionários de investigação social e os métodos pedagógicos adequados para o ensino da EE.

Para compreender a importância da EA, foram discutidas as componentes-chave como a sensibilização, o conhecimento e a atitude (AKA), juntamente com as questões de como integrar a EA numa única disciplina e métodos de ensino e aprendizagem bem sucedidos.

As questões fundamentais que sustentam a base desta investigação são amplamente discutidas na sequência dos principais resultados da investigação social e experimental. Essas questões fundamentais reflectem a finalidade e o objetivo desta investigação enquanto cientista, mas não enquanto educador ou professor.

### 6.2 Resultados da investigação experimental sobre o nível de consciencialização, conhecimento e atitude ambiental (AKA) dos estudantes

Neste trabalho de investigação, a EA é considerada como educar **sobre, no** e **para o** ambiente (Palmer, 1998). Os resultados desta investigação mostram que existem semelhanças entre a educação e o ensino sobre o ambiente. Isto pode possivelmente dever-se ao facto de se esperar que qualquer educação forneça conhecimento (Chatzifotiou, 2006). Esta investigação também provou que a integração da EA como disciplina única promoverá actividades amigas do ambiente interiorizadas entre os alunos e na sociedade.

Além disso, o contributo desta investigação preparará os alunos para serem pró-activos em relação ao seu ambiente nas suas rotinas diárias. Além disso, esta experiência demonstrou um resultado bem sucedido dos comportamentos ambientais no tempo presente, sem garantia de mais tempo. Nesta perspetiva, pode concluir-se que o ensino contínuo e a formação ativa sobre o ambiente nas escolas melhorarão a consciência ambiental, os conhecimentos e as atitudes dos alunos nas suas actividades diárias.

Muitos cientistas acreditam que um dos objectivos da EA é fazer com que os indivíduos ajam de forma responsável em relação ao seu ambiente (Chatzfotiou, 2006; Simmons, 2005) e isto está relacionado com o resultado da experiência concluída (ver Figura 27&28). Além disso, o ensino da EA influenciará a consciencialização, o conhecimento e a atitude dos alunos para se tornarem ambientalmente conscientes nas suas várias responsabilidades, mesmo nas comunidades a que pertencem. Os resultados desta experiência também foram apoiados pelas conclusões de Lindhe (1999), que demonstrou que, depois da escola, os alunos praticam o que aprenderam.

No contexto da sensibilização, do conhecimento e da atitude sustentáveis em relação ao ambiente, é necessário desenvolver conhecimentos e capacidades de resolução de problemas que são necessários numa sociedade, especialmente na Nigéria, com grandes problemas ambientais.

O ensino da EA como disciplina única no currículo escolar enriquecerá o conhecimento sobre as questões ambientais e desenvolverá a consciencialização através da prática contínua das competências aprendidas individualmente ou em grupo. Assim, o resultado desta descoberta prova que o ensino da EA, como disciplina única, desenvolverá o valor ambiental dos alunos em direção a um ambiente saudável e sustentável.

## 6.3 Análise das questões de base resultantes dos questionários

### 6.3.1 . IQT 3: A educação ambiental como disciplina única é necessária nas escolas?

Considerando o resultado total, 95% dos professores concordaram que a EA deve ser incluída como uma disciplina única no ensino primário e secundário. Por conseguinte, a melhor maneira de integrar a educação ambiental é organizar um novo padrão de conceção curricular que ligue a relação entre a natureza humana, as ciências naturais, a ecologia e o ambiente. Segundo a WCED (1987), isto permitirá aos estudantes compreender as interacções entre o desenvolvimento humano e o desenvolvimento natural do ambiente. A estrutura deste modelo de currículo exigirá um programa de estudos com o seu próprio corpo de conhecimentos; tempo para o ensino/formação de professores especializados e publicação de livros com directrizes de aprendizagem. O currículo concebido poderá seguir o caminho e o enquadramento utilizados na recente integração de uma disciplina chamada "Cidadania e educação" (Adedayo & Olawepo, 1997).

Além disso, alguns países aperceberam-se da necessidade de ensinar EA. Por exemplo, a Inglaterra, em 1995, reanalisou e reviu a EA para ser integrada e ensinada no seu currículo revisto (Chatzifotious, 2006). Pelo contrário, como mencionado no trabalho de investigação de Scott (2008), a educação ambiental é introduzida como tópicos integrados demonstrados nas práticas existentes em países como a Índia, a África do Sul e os Estados Unidos da América.

No entanto, alguns professores em Lagos argumentaram, por outro lado, que a integração da EE como disciplina única causará uma sobrecarga de horários para os alunos. Entretanto, sugeriram ainda que a integração da EE como disciplina única não é necessária para o currículo das escolas primárias e secundárias da Nigéria, porque os alunos têm até 10 e 11 disciplinas obrigatórias, respetivamente, com 3 disciplinas electivas que já sobrecarregam o horário do seu estudo (ver Tabela 2 no capítulo

3).

Outro argumento dos professores foi que a integração da EA como tópicos de disciplinas como a biologia, a geografia e as ciências agrícolas seria considerável e reduziria os horários sobrecarregados. Mas, como se pode ver na Tabela 2, as disciplinas necessárias não existem como disciplinas obrigatórias. Este facto impossibilitou que todos os alunos, desde o ensino primário ao secundário, adquirissem a consciência, o conhecimento e a atitude ambientais necessários para desenvolver um hábito ambiental sustentável. O seu argumento colabora com a sugestão de Capra (1997) de que é necessária uma mudança de paradigma na abordagem das questões ambientais com a inclusão de uma abordagem global no currículo. Do mesmo modo, Keiny (1991) defende que a abordagem das questões ambientais deve ser colocada em contextos interdisciplinares.

Apesar do facto de ser possível integrar a EA como uma disciplina isolada, a Declaração de Tbilisi de 1977 não estabeleceu a integração da EA como uma disciplina isolada. Pelo contrário, considerou a EA como uma componente da aprendizagem em que o aluno desenvolve a consciência, o conhecimento, a atitude e as capacidades de resolução de problemas com uma abordagem interdisciplinar.

No entanto, os professores que não concordaram com esta opinião de EA como tópicos apresentaram os argumentos de que isso não permitirá que os alunos reflictam sobre o aprofundamento do conhecimento ambiental na tomada de decisões sustentáveis que beneficiarão o ambiente. O seu argumento complementa a conclusão de McClaren & Hammond (2005) de que os alunos não conseguem desenvolver uma compreensão clara de quaisquer formas de conhecimento quando a EA é integrada nos contextos de outras disciplinas.

Outra observação que foi feita foi que esses tópicos só serão considerados pelos professores e alunos como um currículo orientado para os exames, sem conhecimentos práticos. Argumentaram ainda que a EA integrada nas disciplinas existentes será inadequada para abranger todas as questões relativas aos problemas ambientais na Nigéria e num contexto global.

Para além disso, os professores não conseguem ensinar em profundidade um tópico quando integrado, pelo que será difícil combinar e ensinar conteúdos de EA como um tópico através da integração (Drake, 2004). Isto segue o pressuposto de que os diferentes tópicos das componentes de EA integrados noutras disciplinas não são ensinados de forma clara nos programas das disciplinas. A razão para isso é que a maioria dos tópicos integrados nos contextos dessas disciplinas não são claros e os professores não têm um conteúdo amplo sobre o que deve ser ensinado sobre esses tópicos. (1994), no Wisconsin, onde os professores concordaram que não precisam de ensinar EA nas suas disciplinas porque não está relacionado com as suas disciplinas de ensino. Isto apoia a sugestão de que o conhecimento é transportado com uma mensagem e será difícil ensinar sem ter um conhecimento profundo do que ensinar. De acordo com Mapping & Johnson, 2005; Palmer, (1998) a integração da EA nas disciplinas existentes pode criar mais complexidade para os professores que não são especialistas neste domínio.

Independentemente destes argumentos, a integração da EA como disciplina única no sistema educativo da Nigéria pode ser feita quando forem desenvolvidos novos currículos. Este abrangerá todos os aspectos dos problemas ambientais relacionados com as actividades humanas no ambiente. Por conseguinte, se a EA for integrada como disciplina única de ensino, deve seguir um programa e conteúdos bem concebidos, com uma estrutura orientada para os exames, que permita aos alunos aprender mais sobre o ambiente em situações da vida real.

### 6.3.2 TQI *2:* Métodos de ensino

Durante a entrevista, muitos professores acreditam confidencialmente que uma aprendizagem bem sucedida em EA deve ser facilitada diretamente com actividades que estimulem os alunos a fazer perguntas, a responder às suas respostas, ajudando-os a aceitar desafios, a pensar criticamente e a oferecer soluções criativas. O ensino da educação ambiental deve preocupar-se com a questão do ambiente e com as acções de aprendizagem dos alunos.

Atualmente, tem havido uma mudança de paradigma na atenção dada aos problemas ambientais, que deixou de ser meramente de reconhecimento e passou a ser de investigação e ação (O' Donoghue & Russo 2004). Foram desenvolvidos muitos métodos que são necessários para apoiar esta mudança. Um método desenvolvido por Hungerford e Volk (1990) é a aquisição de conhecimentos que influenciarão uma mudança na responsabilidade ambiental. Este método pode ser adotado no ensino da EA na Nigéria.

Por outro lado, a responsabilidade dos professores consiste em orientar, ajudar e apoiar os alunos inquiridores a serem activos na aprendizagem para compreenderem as metas e os objectivos fundamentais básicos da EA. Isto contribuirá para a melhoria da aprendizagem dos alunos em relação aos processos educativos (Ellis, Sinclair, 1990; Marzano, 1997; Gang, 1989). O atual conhecimento elementar dos professores já não é considerado suficiente para o ensino e a aprendizagem das questões complicadas que o ambiente enfrenta atualmente. Por conseguinte, os professores contratados para o ensino da EA devem receber formação contínua para adquirirem os conhecimentos ambientais necessários enquanto professores.

Além disso, May (2000) sugeriu que os professores necessitam de conhecimentos contextuais relevantes no ensino da educação ambiental. Na sua opinião, os professores devem ter a oportunidade de receber formação contínua através de seminários e workshops, a fim de atingirem os objectivos de EA definidos nos contextos do seu currículo. Isto ajudará os professores a assumirem a responsabilidade pessoal pelo seu ensino da educação ambiental sem culparem terceiros pelos seus fracassos (Kostova, 1998).

Por conseguinte, uma formação bem sucedida dos professores deve incluir métodos de ensino relacionados com grupos de trabalho, debates sobre questões ou problemas, aprendizagem em pares, competição e cooperação, construção de conceitos, trabalho de projeto, resolução de problemas, apresentações, motivação para aprender mais e avaliação do desempenho dos professores, de acordo com Kostova (2008) (ver Quadro 6 para mais informações).

| **Teaching Trainings** | **Teaching Methods** | **Learning Activities** |
|---|---|---|
| 1. Class lesson | Lecture, discussion, visualization, Demonstration | Formulating a problem, recall, asking questions, supporting evidence, giving opinion, reflection, critical evaluation, sharing experience, searching for clarity, directed observation, constructing meaning, intellectual Contribution. |
| 2. Seminar –peer education, learning from classmates | Presentations of students, discussion, small group work, homework studies, debating | Analytical listening to classmates' presentations, critical perception, asking questions, giving answers and objective evaluation, acknowledging |

| | | achievements, participation with own contribution (preparation), on time clarification of all problems and constructive communication. |
|---|---|---|
| 3. Expert learning – peer education, self-directed Learning. | Scientific experiment, observation, project work, presentations, discussion, evaluation, small group work, jig-saw Strategy. | Using a computer, Internet, preparing a bibliography, visiting resource centers, searching, preparing collections, analyzing, evaluating peers, self-evaluation and evaluation from peers and the teacher, integrating knowledge and using it in new situations for solving new problems. Intellectual, emotional and social involvement of students. Interpersonal communication, exchange of ideas, partnership, team work, presentations (posters, PowerPoint), critical thinking and attitude to the results from learning and communicating, critical reflection and self-reflection. |

| | | |
|---|---|---|
| 4. School Learning on conferences | Project method, scientific approach, discussion | Investigation, presentation, socialization, awareness of one's own contribution, developing own image, the class and school images, asking questions, giving opinion, presenting a poster, using multimedia, respectful attitude to participants. |
| 5. Laboratory investigation | Observation, experiment, discussion, note taking, | Scientific skills, development of scientific thinking, asking questions, giving opinion, collecting data, constructing supportive evidence, giving answers, partnership, team work, communication, using primary evidence, formulating ideas, creating interest in learning. |
| 6. Ecological set of investigations, small group work | Ecological experiment (field Work), observation, discussion. | Communication and interaction within the group and between groups, making and accepting rules, listening, consensus, respectful attitude to |

|  |  |  |
|---|---|---|
|  |  | others' contribution, sharing others' success, responsibility, acquiring methods for ecological investigations, data processing, sharing results and opinions, reflection. |
| 7. Excursion | Observation, data gathering, discussion, data processing | Making and accepting working rules, stating a problem, working out a plan, collecting data, measuring, using worksheets, data processing, taking photographs, offering solutions, accumulating supportive arguments. |
| 8. Practical participation (session) | Practical work, fruitful collaboration, communication | Participation in practical nature conservation activities, modeling, digging, sowing, weeds extermination, grass growing, cleaning, caring after ill animals, feeding animals (technical skills), and applying theory to solving real practical problems. |
| 9. Role playing | Modeling of a social system, presentation | Use of ICT, dramatization, empathy, playing the role of a teacher, a detective, a statistician, a nature |

|  |  |  |
|---|---|---|
|  |  | conservationist, an ecologist and others, analysis of ecological policy, searching for ecological problems. |
| 10. Case studies | Analysis,role playing, brain storming, discussion | Generating ideas for alternative solutions, empathy stepping in somebody else's shoes", clearing up the situation, anticipating the consequences of each solution, choice of solution. |
| 11. Out of class activities | Interview, observation, experiment, modelling, discussion | Collecting information, interviews with specialists, ecological investigations in the open, development of projects, making collections, constructing models, apparatus, preparing drawings, taking photographs, multimedia products, albums, surfing the Internet, studying habitats, biodiversity, organizing conservation campaigns, participating in environmental societies and clubs |
| 12. Out of school activities | Team work, presentations, | Solving problems, making projects, |

| | discussions | preparing posters, participating in nature conservation activities, makingcontacts, communicating, writing a vocabulary, encyclopedia of ecology, preparing for contests and Olympiads. |
|---|---|---|

A Tabela 6 mostra os métodos de ensino e as actividades de aprendizagem que devem ser adoptadas no ensino da EE como disciplina única.

(Adotado de Kostova, 2008)

Estes métodos ajudarão a desenvolver o conhecimento da comunicação e da compreensão da mudança nas práticas e no desempenho, juntamente com a implementação de competências de resolução de problemas (Anderson &Krathwohl, 2001). Do mesmo modo, facilitará a aprendizagem das cinco fases das teorias de difusão da inovação (Rogers, 1995), com o objetivo de adotar uma mudança de comportamentos ambientais (Ajzen, 1985) na sociedade. A eficácia destes métodos permitirá que os estudantes se concentrem nas questões ambientais e adquiram competências para as resolver. Um exemplo é quando os alunos se tornam mais empenhados e eficazes na construção de projectos de aprendizagem em serviço, envolvendo-se na resolução de problemas que irão melhorar a sua comunidade (Andrews, 1996; Zint et al., 2002). De um modo geral, os métodos de ensino bem sucedidos em EA proporcionarão excelentes resultados, desenvolvendo a consciência, o conhecimento e a atitude ambientais (AKA) dos alunos, que são aplicáveis no sistema educativo da Nigéria.

# CAPÍTULO 7

## FACTORES LIMITATIVOS DO ENSINO DA EDUCAÇÃO ESPECIAL NA NIGÉRIA.

### 7.1 Possíveis factores limitadores do ensino da Educação Ambiental na Nigéria.

Neste capítulo, os professores entrevistados admitiram que o ensino da EE como disciplina única no sistema educativo da Nigéria é limitado por uma série de factores. Esses factores incluem sistemas de financiamento inadequados, falta de professores especializados, conteúdos curriculares inapropriados, métodos de ensino impróprios e materiais didácticos inadequados, indisciplina dos alunos e atitudes negativas dos professores. Todos estes factores foram amplamente discutidos e representados na figura 29.

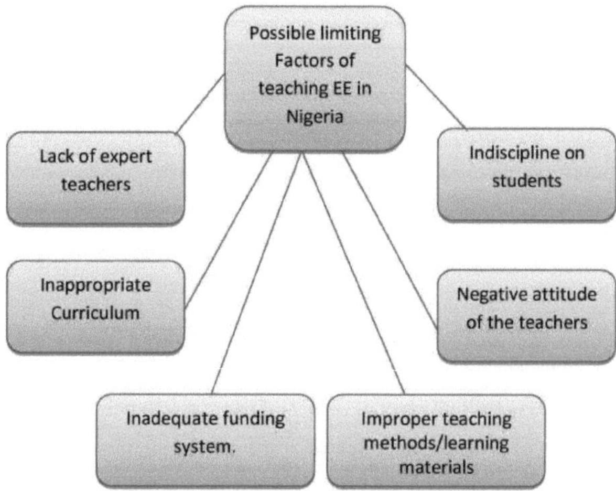


Figura 29: possíveis factores limitativos do ensino de EE na Nigéria como disciplina única

### 7.2 Sistema de financiamento inadequado.

Os intervenientes no sector da educação na Nigéria consideram que a educação é um instrumento de mudança que exige um financiamento adequado a todos os níveis da administração federal, estatal e local. Os professores argumentam que o fraco financiamento da educação na Nigéria afecta o sistema de ensino, as escolas e os estudantes. Isto vem na sequência da constatação de Obe (2009), segundo a qual o financiamento inadequado da educação a todos os níveis será proporcional ao colapso do sector educativo. Nenhuma organização pode desempenhar eficazmente a sua função se não tiver capacidade financeira à sua disposição. É necessária uma base de financiamento suficiente para que as escolas possam regular o pagamento de salários, subsídios, melhorar o equipamento de laboratório, as salas de aula e a manutenção do ambiente escolar.

## 7.3 Falta de professores especializados

Os professores são a base sobre a qual assenta o sistema educativo (Achimugu, 2005). Os professores consultados apoiam a opinião de que o ensino da EE requer professores com experiência e estratégia. Argumentaram ainda que, para ensinar com confiança uma determinada disciplina, é necessário compreender o conteúdo e o contexto da disciplina. Isto corrobora o argumento de Palonsky, (1993); Shulman, (1986) de que ensinar com conhecimentos e competências de conteúdo é muito importante. Os professores comprovam este facto argumentando que não podem ensinar EA como uma disciplina única porque não possuem os conhecimentos, a formação e as competências específicas. O apuramento dos factos também prova que os alunos podem adquirir mais conhecimentos sobre EA se os professores forem bem formados com os conhecimentos e competências necessários. Por conseguinte, é necessário que o governo nigeriano melhore a qualidade do ensino e da formação dos professores, especialmente no ensino da EA, a fim de alcançar um ambiente sustentável.

## 7.4 Conteúdos curriculares inadequados para a EE

Os conteúdos curriculares proporcionam actividades nas quais os alunos aprendem na direção desejada (Ngwu, 2008). Os conteúdos curriculares inadequados no sistema educativo da Nigéria não têm proporcionado oportunidades para um ensino bem sucedido da EE. Os professores consultados durante esta investigação insistiram que a complexidade da integração de tópicos em disciplinas específicas é um problema comum do currículo na Nigéria. Além disso, desde a inauguração da Conferência Nacional sobre Currículos em 1969, o currículo da Nigéria tem sido objeto de revisão com deficiências e críticas (Akpan, 2008; Ukpai e Okoro, 2011; Balogun, 2009). Os professores consultados consideram que o currículo e os programas de estudo na Nigéria foram concebidos para serem prescritivos, o que não ajuda no ensino da educação ambiental. Por conseguinte, conclui-se que a integração da EA como disciplina única deve ser integrada como disciplina de base, com exames que incluam actividades ambientais ao ar livre/no interior.

## 7.5 Métodos de ensino incorrectos e materiais didácticos inadequados

Os professores inquiridos identificaram os métodos de ensino e os materiais de aprendizagem inadequados como um dos principais factores que afectam o sistema educativo na Nigéria. Aconselharam ainda que os métodos de ensino e os materiais didácticos servem o objetivo da aquisição de conhecimentos. Quase todos os professores do estudo falaram de materiais didácticos e pedagógicos inadequados como problemas fundamentais nas escolas, o que provavelmente limitará o ensino da EE na Nigéria. Esta questão persistente da inadequação dos materiais de ensino e aprendizagem tem sido relatada desde os anos 80, por Ishumi e Malyamkono (1995), e ainda continua a persistir porque não lhe foi dada atenção (MoEVT, 2006; 2007). Os professores atribuíram este problema à falta de financiamento no sector da educação. Koskinen & Paloniemi, (2009) sugeriram que os alunos precisam de ter acesso a materiais que lhes permitam participar plenamente nas comunidades de aprendizagem. Assim, os métodos de ensino e os materiais didácticos são as ferramentas básicas que encorajarão uma aprendizagem bem sucedida durante o ensino da EE, se forem devidamente abordados.

### 7.6 Indisciplina dos estudantes

Durante a exploração das ideias dos professores sobre esta investigação, estes aconselharam que se espera que os alunos apresentem um elevado nível de etiqueta moral para mostrar a quantidade de disciplina que recebem em casa. Salientam ainda que o comportamento reflecte a situação de uma criança fora de casa. No entanto, expressam a sua opinião de que os alunos devem adotar um elevado nível de disciplina, mesmo no seu ambiente. Isto também deve ser abordado no ensino da EE, tornando os alunos responsáveis pela sua ação no ambiente. Apesar disso, o elevado nível de indisciplina que se verificou durante a observação por parte dos alunos é a desobediência aos professores e a deposição de lixo nas salas de aula. Isto mostra que há necessidade de disciplina parental para cultivar os valores adequados e a atitude moral necessária para ter impacto na sociedade.

### 7.7 Atitude negativa dos professores

Os professores entrevistados acreditam que muitos factores contribuíram para a atitude negativa no sector da educação, especialmente na Nigéria. A maior parte dos professores tem um estatuto social baixo devido à falta de pagamento (Achimugu, 2005), o que levou muitos professores a terem hábitos pouco saudáveis, envolvendo os alunos em más práticas nos exames (Edukugho, 2007, citado em Vanguard, 22 de fevereiro de 2007).

Exemplo disso foi o facto de algumas escolas na Nigéria terem sido proibidas de servir como centros de exames coordenados pelo Conselho de Exames da África Ocidental (WAEC), pelo Conselho Nacional de Exames (NECO) e pelo Conselho Conjunto de Admissões e Matrículas (JAMB) devido a práticas irregulares de exame. Infelizmente, este ato prevalecente levou muitos estudantes não qualificados a um nível em que não podem defender o seu certificado (Ajeyalemi, 2002; Okebukola, 2000). Este facto tem provocado muitas desistências de estudantes das instituições após maus desempenhos (Olamousi, 1998). Isto vai ao encontro da sugestão de que estes actos podem limitar o ensino da EE como uma disciplina orientada para os exames se for integrada no currículo como disciplinas individuais. Assim, o governo deve melhorar o estatuto social dos professores, financiando o sector educativo de acordo com um padrão desenvolvido.

# CAPÍTULO 8

## RECOMENDAÇÕES

### 8.1 Etapas da recomendação

Neste capítulo, as recomendações que se seguem baseiam-se nos resultados da investigação. Essas recomendações são feitas com o objetivo de abordar a consciência ambiental, o conhecimento e a atitude dos estudantes em relação ao seu ambiente e também para fornecer um quadro institucional para o ensino bem sucedido da EeE na Nigéria.

A investigação efectuada durante este estudo revelou que os estudantes não estão bem informados sobre a sensibilização, o conhecimento e a atitude ambientais necessários, o que tem contribuído em grande medida para os problemas ambientais na Nigéria. Por conseguinte, esta recomendação divide-se em duas etapas para resolver esta situação.

### 8.2 Etapa 1 Desenvolvimento do currículo

Em primeiro lugar, o currículo deve ser revisto, com o objetivo de dar mais ênfase às questões ambientais fundamentais e à sustentabilidade do ambiente natural na Nigéria.

Como discutido no Capítulo 7 na secção 7.3, os professores identificaram o currículo existente como um dos principais obstáculos enfrentados pelo sistema educativo, que também afectará o ensino da EA. Por conseguinte, vale a pena recomendar alguns tópicos propostos para os criadores de currículo a serem considerados no âmbito da integração da EA como disciplina única de ensino e a serem melhorados (ver Figura 30 sobre os tópicos propostos).

A Figura 30 abaixo representa os tópicos propostos a serem integrados nos currículos de EE

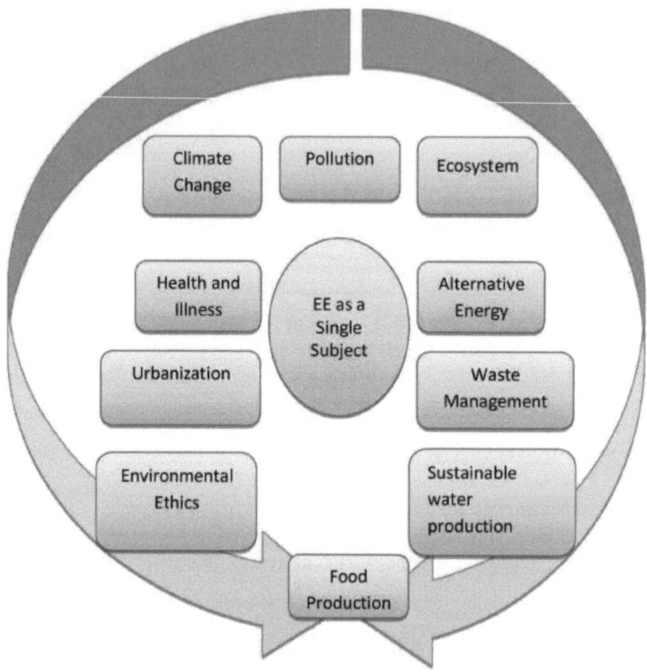


Esses tópicos consistem nos conceitos-chave da EA, que incluem o desenvolvimento humano, a sustentabilidade, as ciências naturais e a responsabilidade pessoal e empresarial no ambiente. Estes tópicos devem ser distinguidos nos níveis de ensino adequados dos alunos do ensino básico e secundário. Por conseguinte, o ensino destes tópicos deve ser integrado como uma disciplina de base com exame e vários métodos de ensino, como se pode ver na Tabela 6. Os criadores de currículos devem considerar os tópicos propostos que têm de ser integrados numa única disciplina no currículo. O papel desta disciplina envolverá os alunos em práticas que exigem capacidades de pensamento crítico, com o desenvolvimento da sua consciência ambiental, conhecimentos e atitudes que reposicionarão um comportamento ambiental mais sustentável na sociedade.

O conteúdo dos tópicos propostos abrangerá uma vasta gama de questões ambientais, pelo que, se for aceite, desenvolverá o espírito dos estudantes sobre as questões ambientais locais e globais. Além disso, dará prioridade a actividades de aprendizagem a partir de diferentes estudos de casos existentes num contexto global. Partiu-se do pressuposto de que os estudantes são desafiados a refletir criticamente sobre o seu ambiente quando adquirem os conhecimentos necessários. Isto implicará o questionamento das acções e decisões pessoais com o objetivo de repensar e reformular actividades que sejam sustentáveis para o ambiente (Tilbury & Cooke, 2005). No entanto, esta investigação não provou que a implementação da EA como disciplina única será a solução global para os problemas ambientais existentes. Mas tem parte da solução que desafiará a responsabilidade ambiental dos alunos na sociedade. Um exemplo é a conceção de EA com actividades escolares ao ar livre, envolvendo os alunos e as comunidades para serem proactivos na proteção do ambiente.

Além disso, o ambiente nigeriano está ameaçado pelo avanço tecnológico e pela urbanização sem o equilíbrio das práticas ambientais sustentáveis de todos os habitantes. A abordagem holística do desenvolvimento da EA como uma disciplina única desenvolverá o conhecimento ambiental dos estudantes e, no futuro, poderá permitir o equilíbrio de práticas sustentáveis no ambiente. Também aumentará a oportunidade de aprender as três dimensões da EA, envolvendo a aprendizagem **no/sobre/para o** ambiente. Por esta razão, a Educação Ambiental formal e informal deve ser defendida na Nigéria para esclarecer a sociedade sobre a consciencialização básica, o conhecimento e a atitude na tomada de decisões ambientais responsáveis que beneficiarão o ambiente. No entanto, é também necessário motivar os estudantes para práticas sustentáveis no ambiente na sua vida quotidiana. Para este efeito, o currículo de EA deve ser concebido como uma disciplina única, de modo a integrar todos os níveis de ensino dos alunos.

Além disso, as crianças de hoje, que são estudantes, tornar-se-ão decisores políticos, educadores, professores, etc. E é necessário centralizar a sua concentração num ambiente sustentável numa idade precoce, para que possam facilmente compreender e formar hábitos ambientais sustentáveis que beneficiem o ambiente. Assim, o sector educativo deve ser apoiado por todas as partes interessadas, de modo a que os professores possam desenvolver conhecimentos de formação pré-serviço e em serviço para o ensino da EeE.

Finalmente, este argumento de investigação concluiu que a integração da EE como disciplina única é possível nos currículos escolares da Nigéria, mas é necessário que os criadores de currículos reconheçam e melhorem os tópicos propostos para serem integrados no ensino da EE como disciplina única.

## 8.3 Etapa 2: Autoridades educativas

A revisão da literatura que faz parte desta investigação confirmou que a educação é a base de qualquer sociedade. É necessário incentivar a educação sobre o ambiente na Nigéria, a fim de melhorar a ética ambiental entre as pessoas. No entanto, o governo do estado de Lagos aceitou este desafio, educando a sociedade sobre o ambiente através de vários programas e clubes ambientais. Por conseguinte, esta medida deve ser considerada como educação informal e tem apenas um objetivo a curto prazo, sem efeitos sustentáveis que impliquem uma responsabilidade social ambiental ativa na sociedade.

Uma forma de alcançar a responsabilidade social ambiental é encorajar a integração da EA como disciplina única no ensino formal, a fim de desenvolver a consciência ambiental, os conhecimentos e as atitudes dos estudantes face aos problemas ambientais crescentes na Nigéria e à responsabilidade ambiental decrescente da população ao mesmo tempo.

Portanto, é necessário que todas as partes interessadas relevantes liderem uma reforma em conjunto com o desenvolvedor do currículo sobre como EE poderia ser integrada como uma única disciplina na educação formal. Os ministérios da educação e do meio ambiente com as partes interessadas relevantes estão em posição de liderar essas reformas. Essa reforma apoiará o reconhecimento de EE como uma disciplina única de ensino nos níveis primário e secundário. Entretanto, o governo deve também abordar a aplicação da legislação/política ambiental, a disponibilização de materiais didácticos e o financiamento adequado do sector educativo. Isto melhorará o baixo nível dos professores e reforçará as actividades de aprendizagem após a aceitação da integração da EE como disciplina única nos currículos.

Por outro lado, os professores inquiridos também indicaram que o ensino da EA não pode ser alcançado se não houver conteúdos curriculares para ensinar em profundidade as questões ambientais. Por esta razão, os criadores de currículos devem também considerar materiais didácticos adicionais, tais como manuais escolares e folhetos, para o novo currículo de EA.

De um modo geral, é necessário que todas as partes interessadas se reúnam e concebam um currículo que reconheça o conceito de ambiente sustentável. No entanto, a forma recomendada para alcançar um ambiente sustentável é educar os alunos sobre o ambiente através da integração da EeE como disciplina única.

## CAPÍTULO 9: E: CONCLUSÕES

O objetivo desta investigação é analisar de que forma a educação ambiental na Nigéria pode ajudar a desenvolver a consciência, o conhecimento e a atitude dos estudantes, a fim de melhorar a atual situação ambiental. Este capítulo responde às três questões de investigação descritas abaixo no contexto desta investigação.

Essas três questões de investigação eram as seguintes:

- **Qual é o contexto histórico da EE na Nigéria?**
- **Qual é a possibilidade de integrar a EE no sistema curricular da Nigéria?**
- **Como é que a EA pode melhorar o conhecimento, a atitude e a consciência ambiental dos alunos e da sociedade?**

Com a intenção de responder às três questões de investigação, os métodos aplicados na parte empírica desta investigação foram a análise qualitativa e quantitativa. Seguiu-se o quadro metodológico de recolha de dados através de fontes primárias e secundárias. O conteúdo da investigação segue dois caminhos: a investigação social e a investigação experimental, que resultam numa discussão alargada para responder às três questões de investigação.

- **Qual é o contexto histórico da EE na Nigéria?**

Tal como se afirma na Declaração de Tbilisi de 1977, a educação ambiental desempenha um papel importante na educação dos estudantes para o ambiente. As práticas de educação ambiental no mundo contemporâneo de hoje consistem em desenvolver a ética ambiental da sociedade através da consciencialização, da atitude e da aquisição de conhecimentos.

No entanto, os antecedentes históricos da educação ambiental na Nigéria foram influenciados pela colonização britânica, tal como discutido no capítulo 3 na secção 3.1. Além disso, os elementos integrados de tópicos no currículo foram doutrinados sobre as condições da sociedade britânica (Norris, 2016). O resultado desta situação criou uma consciencialização mínima e falta de conhecimentos ambientais na Nigéria, o que resultou em práticas insustentáveis no ambiente. No entanto, 10 anos após a independência do sistema colonial britânico, o Programa de Educação Científica para África (SEPA), em 1970, introduziu o conteúdo do currículo indígena africano com o objetivo de promover a educação em iniciativas locais. A melhoria da promoção do currículo autóctone local funciona, mas não conduziu a soluções satisfatórias para os problemas ambientais existentes na Nigéria.

Assim, para desenvolver a consciência ambiental, o conhecimento e a atitude dos alunos, é necessário que a EA seja integrada como uma disciplina única que aborde as raízes originais dos problemas ambientais da Nigéria. Em resultado disto, é necessário que todas as partes interessadas se reúnam para elaborar um roteiro sobre a integração da EA como disciplina única no currículo nacional para todas as fases do sistema educativo. Esta oportunidade de colaborar com todas as partes interessadas permitirá criar um quadro sustentável para a compreensão dos problemas ambientais da Nigéria.

- **Qual é a possibilidade de integrar a EE no sistema curricular da Nigéria?**

O sistema curricular do ensino na Nigéria mostra que algumas componentes dos temas ambientais foram integradas em diferentes disciplinas do ensino. Assim, continuam a existir lacunas na sensibilização, conhecimento e atitude dos estudantes em relação ao ambiente, o que contribui para os actuais problemas ambientais na Nigéria (ver capítulo 1, secção 1.2.2, e apêndice 3 para imagens). Pode concluir-se que os temas introduzidos como componentes do ensino da EA não têm impacto ambiental na vida dos estudantes e na sociedade. Por conseguinte, a possibilidade de integrar a educação ambiental como disciplina única no currículo da Nigéria proporcionará uma enorme responsabilidade ambiental que desafiará os estudantes a serem mais sustentáveis nas práticas ambientais.

Além disso, alguns professores consultados durante esta investigação, destacaram que a integração da EA exigirá um novo desenvolvimento curricular que consistirá em tópicos que incluirão todos os aspectos da ecologia, questões humanas e ambientais. Isto segue a recomendação do Capítulo 8 na secção 8.1.1. Da mesma forma, os próprios professores expressaram sua opinião de que há uma necessidade de aumentar a consciência ambiental, o conhecimento e a atitude dos alunos na escola, ensinando EA como uma única disciplina. Assim, o ensino da EA pode ser afetado por muitos factores. Esses factores são destacados e discutidos extensivamente no Capítulo 7, tais como financiamento inadequado, falta de professores especializados e conteúdos curriculares inapropriados, etc. Estas limitações continuarão a dificultar o ensino da EE se não forem devidamente abordadas, tal como recomendado no Capítulo 8 na secção 8.1.2. Assim, conclui-se que a integração da EE no sistema educativo da Nigéria é possível se as questões mencionadas forem resolvidas.

- **Como é que a EA pode melhorar a consciência ambiental, o conhecimento e a atitude dos alunos?**

Para determinar o impacto da educação ambiental nos conhecimentos, atitudes e comportamentos dos estudantes, este estudo inclui investigação social e experimental, tal como descrito no capítulo 5. O resultado desta investigação demonstrou que os métodos de separação de resíduos podem funcionar se forem reunidos conhecimentos adequados para uma gestão e práticas sustentáveis dos resíduos (ver capítulo 5 na secção 5.3). Foi observada uma mudança de atitude e de comportamento durante a investigação experimental. Os alunos adaptaram rapidamente os métodos de separação de resíduos. Assim, a investigação não deu garantias de uma mudança completa no comportamento interiorizado dos alunos, uma vez que foi efectuada apenas durante um período de tempo mais curto. No entanto, a investigação provou a existência de uma correlação entre as actividades de aprendizagem e a responsabilidade ambiental participativa. Por conseguinte, a integração da EA como disciplina única melhorará a consciência ambiental, o conhecimento e a atitude dos alunos em relação a um ambiente sustentável.

Em consonância, Nagra (2010) sugeriu que a consciência ambiental, os conhecimentos e as atitudes são medidas muito importantes para a proteção do ambiente. No entanto, Kollmuss&Agyeman (2002), na sua própria sugestão, afirmou que as decisões e os comportamentos ambientais são influenciados pelo nível de consciencialização e de conhecimentos ambientais. No entanto, muitos estudos demonstraram que a consciencialização, o conhecimento e a atitude são formas eficazes de melhorar a responsabilidade e o comportamento ambientais (Armstrong & Impara, 1991; Sivek & Hungerford, 1990). Além disso, Yilmaz et al. (2004) observaram que o conhecimento e a atitude em matéria de ambiente são sobretudo formados em resultado de experiências de vida, ensino, aprendizagem e exposição a situações reais. Resumindo a resposta a esta questão, a EA pode influenciar o nível de consciencialização, conhecimento e atitude dos alunos quando a EA é integrada como uma disciplina única com conteúdos curriculares reais para alunos de todos os níveis de ensino.

Mas, como se pode ver no Quadro 2, as disciplinas necessárias não existem como disciplinas obrigatórias. Este facto impossibilitou que todos os alunos do ensino básico e secundário adquirissem a consciência, os conhecimentos e as atitudes ambientais necessárias para desenvolver um hábito ambiental sustentável.

# Conclusão

Desde o início do novo milénio, a Nigéria é uma das economias de crescimento mais rápido do mundo (www.dbresearch.de.2014). Apesar do crescimento da economia, o país continua a caraterizar-se por problemas ambientais como a poluição, os resíduos industriais/domésticos, as inundações urbanas e a desflorestação, que contribuíram para a degradação do ambiente. Esta degradação ambiental tem afetado a qualidade do ambiente e ameaça a vida humana.

No entanto, os resultados desta investigação revelaram que nem todos os nigerianos estão bem informados sobre os conhecimentos básicos em matéria de ambiente, o que contribuiu para o atual estado de degradação do ambiente. Além disso, as componentes existentes de temas ambientais integradas nos currículos de outras disciplinas de ensino não foram tornadas obrigatórias para os estudantes no âmbito da reestruturação do currículo do ensino básico (UBE), o que contribuiu para a falta de consciência, conhecimento e atitude ambientais (AKA) durante o seu período de estudo. As conclusões da investigação também provam a existência de uma correlação entre as atitudes, os conhecimentos e a consciência dos estudantes relativamente ao seu ambiente participativo. Por conseguinte, é necessário desenvolver a consciência ambiental global dos estudantes através de práticas ambientais sustentáveis. No entanto, uma ação adequada é integrar a EA como disciplina única de ensino nas escolas primárias e secundárias com o objetivo de aumentar a responsabilidade ambiental dos alunos. Por muito difícil que seja esta tarefa, o efeito positivo de educar e ensinar sobre o ambiente recorda-nos a velha sabedoria de que "só o conhecimento produzirá uma verdadeira mudança de comportamento". Talvez seja altura de as escolas da Nigéria darem maior ênfase ao crescimento e à vulnerabilidade do nosso ambiente natural.

**Sugestões para investigação futura**

Os resultados desta investigação num curto período de tempo revelaram que a integração da EA como disciplina de base única nos currículos do ensino primário e secundário proporcionará enormes oportunidades para os alunos melhorarem a sua consciência, conhecimento e atitude ambientais na sociedade. Por conseguinte, é necessária uma investigação mais aprofundada por parte dos responsáveis pelo desenvolvimento dos programas curriculares sobre a forma de melhorar os tópicos propostos seleccionados para uma integração adequada nos programas curriculares. Esta investigação adicional abrangerá o conteúdo dos tópicos seleccionados, os horários e as orientações estruturadas para as actividades de aprendizagem. Deste modo, a disciplina tornar-se-á obrigatória e será ensinada de forma eficiente a todos os níveis. Outra área de investigação deve também examinar a consciência ambiental, os conhecimentos e a atitude dos professores, a fim de melhorar a qualidade dos professores, tal como se espera em EA.

# REFERÊNCIAS

AAEE, (1994). Associação para a Educação Ambiental: Brochura de adesão.

Achimugu .L. (2005).The agonies of Nigeria teachers (As agonias dos professores da Nigéria). Ibadan: Heinemann Education Publishers Limited.

Adedayo, A., &Olawepo, J. A. (1997). Integração da educação ambiental nos currículos de ciências sociais a nível do ensino secundário na Nigéria: problemas e perspectivas. Investigação em Educação Ambiental, 3 (1), 83 - 93.

Adedeji, D &Eziyi O. I. (2010). Problemas ambientais urbanos na Nigéria: Implications for Sustainable Development. Journal of Sustainable Development in Africa. http://eprints. covenantuniversity. edu. ng/260/1/Paper_in_JSDA. pdf. (Volume 12, No.1, 2010) ISSN: 1520-5509 Clarion University ofPennsylvania, Clarion, Pennsylvania. (Acesso aberto em 13.02.2017).

Adedoyin, F. A. (1988). Preparação de professores em educação populacional: Nigerian Journal of Curriculum Studies Special 3.

Adelegan, J.A. (2006). The History ofEnvironmental Policy AND Pollution of water sources in Nigeria (1960-2004): The way forward, Research ReportNo.72, Development Policy Center Ibadan.

Agenda 21 (2011). Departamento de Assuntos Económicos e Sociais das Nações Unidas Divisão para o Desenvolvimento Sustentável no Século XXI (SD21) Revisão da implementação da Agenda 21 e dos Princípios do Rio: Revisão detalhada da implementação dos Princípios do Rio dezembro de 2011:http://www.un.org/esa/dsd/dsd_sd21st/21_pdf/SD21_Study1_Rio_Principle s.pdf. (Acesso aberto em 21.02.2017).

Ahove, M.A. (2011). Environmental Education In Nigeria in Kola-Olusanya, Omotayo A., Fagbohun, O. (Ed.) Environment and Sustainability Issues, Policies & Contentions, University Press Plc,Ibadan.

Aina, A. T. (1990). Health, Habitat and Underdevelopment in Nigeria, Londres, Instituto Internacional do Ambiente e do Desenvolvimento.

Aiyedogbon, J. (2012). Pobreza e desemprego juvenil na Nigéria, 1987 -

2011:http.//www.ijbssnet.com/j ournals/Vol_3_No_20_Special_Issue_October_20 12/30.pdf.International Journal ofBusiness and Social Science Vol. 3 No. 20 (Edição Especial - outubro de 2012).

Ajeyalemi, D. (2002, 6 de novembro). Reforço das capacidades no domínio das ciências: Imperativos para a formação de professores na Nigéria. Palestra inaugural, Universidade de Lagos, Nigéria.

Ajzen, I. (1985). Das intenções às acções: A theory of planned behavior. Em J. Kuhl, & J. Beckman, (eds.), Action-control: From cognition to behavior (pp. 11-39). Heidelberg: Springer.

Akinola, A.K, Suleiman, A.A, Adeleye, Y.B.A, Francis, O.A &Dauda, R. A. (2014). Poluição do ar e alterações climáticas em Lagos, Nigéria: Necessidades de abordagens proactivas para a gestão de riscos e adaptação American Journal of Environmental Sciences 10 (4): 412-423, 2014.ISSN: 1553-345X©2014 Science Publication doi:10.3844/ajessp.2014.412.423 Publicado Online 10 (4) 2014 (http://www.thescipub.com/aies.toc). (Acesso aberto em 20.03.2017).

Akpan BB. (2008, 23-26 de agosto). A Nigéria e o futuro do ensino das ciências. Comunicação apresentada na 51.ª Conferência da Associação de Professores de Ciências da Nigéria, realizada em Akure, Nigéria All Nigeria Conference ofPrincipals of Secondary Schools (2010, fevereiro, 22-26). comunicado no final da reunião do Conselho Executivo Nacional (NEC), realizada em Abeokuta, Nigéria.

Alutu.A.N.G&Ifedili. (2012).Realizar os objectivos da educação para a cidadania: The Need For Collaborative effort Of teachers and counsellors Interdisciplinary Journal Of Contemporary Research In Business Copy Right © 2012 Institute Of Interdisciplinary Business Research 571 May 2012 Vol 4, No 1 .(Acesso aberto em 01.04.2017).

Amaghionyeodiwe, L.A., &Osinubi, T.S. (2006).O sistema educativo nigeriano e Retorno à Educação. República Federal da Nigéria, (1981 Revisto) National

Política de Educação Lagos NERDC Press International Journal of Applied Econometrics and Quantitative Studies Vol.3-1 (2006). http://www.usc.es/economet/reviews/ijaeqs312.pdf.

Aminrad .Z. (2013).Relação entre consciencialização, conhecimentos e atitudes em relação à educação ambiental entre os alunos do ensino secundário na Malásia. World Applied Sciences Journal 22 (9): 1326-1333, 2013ISSN 1818-4952© IDOSI Publications, 2013 DOI: 10.5829/idosi.wasj.2013.22.09.275 . (Acesso aberto em 06.03.2017).

Amuyou U.A, Okon A.E e Oko.P. (2013). Uma avaliação do papel da educação ambiental na utilização sustentável dos recursos da terra nas áreas rurais da Nigéria: Journal ofEnvironmental Research and Management Vol. 4(6). pp. 0268-0274, julho, 2013 Disponível online http://www.e3journals.org.ISSN 2141-7466 © E3 Journals 2012. (Acesso aberto em 05.03.2017).

Anderson, L. W., & Krathwohl, D. R. (2001). A taxonomy for learning, teaching, and assessing. A revision ofBloom's taxonomy of educational objectives. New York: Longman.

Andrejs, K.; Dan, R.L. e Kelly, Y. (2013). Desenvolvimento da Eco-Literacia através de um Quadro para a Liderança Indígena e e Educação Ambiental. Canadian Journal ofEnvironmental Education. 18(1) 11-123.

Andrews, E. (1996). Currículo de ação para jovens Give Water A Hand. Proceedings, USEPA Non-point Source Pollution Information/Education Programs National Conference.Northeastern Illinois Planning Commission, Chicago.

Angiolillo.G. (2012). Descrição e Avaliação de um programa de Educação Ambiental em Madagáscar.

Anih, S. C. (2004). "Effective Survival measures against Natural hazards in settled areas" in H.C.Mba et al (eds) Ibid 29-40.

Anil, K.D. e Arnab, K.D. (2014).Textbook ofEnvironmental Science. New Delhi,Rajan Jain.

Armstrong, J. B., &Impara, J. C. (1991).O impacto de um programa de educação ambiental no conhecimento e na atitude. The Journal ofEnvironmental Education,22(4),36-40

Asthana, D. K. &Asthana, M. (2013). Environment: Problems and Solution (2.ª ed.) Nova Deli: S. Chand & Company Limited.

Atsegbus L., Akpotaire, V. e Dimowo, F. (2004). Environmental Law in Nigeria: Theory and Practice. Ababa Press Ltd., Lagos.

Balogun F.A. (2009). Estrutura do currículo do ensino básico de nove (9) anos. Trabalho apresentado num workshop organizado pelo Ministério da Educação para os funcionários da educação no Estado de Ondo.

Bell, R.G &Russel. (2002). Environmental Policy for developing countries, issues in Science and technology, primavera de 2002.

Berg, B. L. (2009). *Qualitative Research Methods for the Social Sciences* (7.ª ed.). Boston, Massachussets: Allyn and Bacon.

Bogovic, Nada D., e Cegar, Sasa. (2010). Proteção ambiental - mudanças no sistema educativo. MIPRO, (maio):920-925.

Borrini-Feyerabend :Grazia. (1997). Para além das cercas: Procurando a sustentabilidade social em conversação. Gland (Suíça), IUCN.

Bosah, V.O. (2013). Educação Ambiental na Nigéria questões, desafios e perspectivas. Revista mediterrânica de ciências sociais 4(15) 159-168.

Bryman, A. (2004). *Social Research Methods.* Oxford: Universidade de Oxford.

Budvytyte, A. (2011). Educação ambiental no sistema de ensino secundário na Lituânia (usando Silute como um caso). Divisão de Ecologia Humana da Universidade de Lund Tese de Mestrado em Ecologia Humana: Cultura, Poder e Sustentabilidade maio de 2011.

http://lup.lub.lu.se/luur/download?func=downloadFile&recordOId=1961765&fileOId=1 961769. (Acesso aberto em 23.04.2017).

Bulama, M. (2005). The Nigerian Built Environment Challenges in a.s.alabi and samepelle (eds) Proceedings of the first National Built Environment Summit on Built Environment Disasters: For National Action Plan Nigerian Institute of International Affairs 8th-10th February, Lagos: Nigerian Institute of Architects, 185-196.

Buntig, T, e Cousins, L. (1983).Desenvolvimento e adaptação do Inventário de Resposta Ambiental para Crianças. Journal ofEnvironmental Education 15(1): 3-10.

Byers, A. (1996).Compreender e influenciar os comportamentos na conservação e gestão dos recursos naturais. Tech. Rep. 4, Programa de Apoio à Biodiversidade.

Capra, F. (1997).The web oflife. Uma nova compreensão dos sistemas vivos. NewYork: Anchor

Books, Doubleday.

Caroline, H. (2009).O papel da educação como ferramenta para a conservação ambiental e o desenvolvimento sustentável: A dissertation submitted for the degree ofDoctor of Philosophy at Imperial College London July 2009.http://www.iccs.org.uk/wp-content/thesis/phd-howe,caroline09.pdf. (Acesso aberto em 02.04.2017).

Banco Central da Nigéria.(2010). Boletim Estatístico. Abuja, Nigéria: Imprensa do Governo Federal.

Chatzfotiou, A. (2006). Educação ambiental, currículo nacional e professores do ensino primário. Resultados de um estudo de investigação em Inglaterra e possíveis implicações para a educação para o desenvolvimento sustentável. The Curriculum Journal, 17 (4), 367 -381.

Clayton, Susan, Myers Gene. (2009). Psicologia da Conservação. Compreender e promover o cuidado humano com a natureza. Wiley-Blackwell.

Debbie, B. (2013). Pontes para a cidadania global: Futuro ecologicamente sustentável utilizando a literatura infantil na formação de professores. Australian Journal ofEnvironmental Education, 29(2), 221-237. http√dx.doi.org/10.1017/aee.2014.7

Dike .S. (2014).Discurso de abertura apresentado no seminário de formação de formadores sobre a utilização do currículo revisto do ensino básico de 9 anos realizado no Rock view Hotel, Abuja Nigéria, 5-9 de agosto de 2014 .(Acesso aberto em 23.04.2017).

Disinger, J. (1982). Notícias sobre investigação em educação ambiental. The Environmentalist, 2:285-288. Comportamento ambiental.

Drake, S. (2004). Cumprir as normas através do currículo integrado. Alexandria, VA, EUA: Associação para Supervisão e Desenvolvimento Curricular.

Dung-Gwom J, Y. (2015). Uma nova agenda ambiental para a Nigéria: Retrospetiva e Prospetiva Documento principal apresentado pelo Professor John Y. Dung-Gwom, Chefe do Departamento de Planeamento Urbano e Regional, Universidade de Jos, Nigéria, por ocasião da Conferência Nacional sobre o tema: Estabelecimento de uma Agenda Ambiental para a Nova Dispensação na Nigéria. Politécnico Federal de Nasarawa, Estado de Nasarawa, 29 a 31 de julho de 2015. (Acesso aberto em 13.02.2017).

Eames, C., Cowie, B., & Bolstad, R. (2008). An evaluation of characteristics of environmental education practice in New Zealand schools (Uma avaliação das características da prática da educação ambiental nas escolas da Nova Zelândia). Environmental Education Research, 14(1), 35-51.

Edukugho 2007 in Vanguard. (2007, 22 de fevereiro, p. 38).

Ellis, G. & B. Sinclair. (1990). Aprender a aprender inglês. Learner's Book, Cambridge University Press.

Poluição ambiental na Nigéria: Issues and solutions. http://nairaproiect.com/proiects/907.html: (Acesso aberto em 25/03/2017 hora: 17.21pm)

Fahlquist, J.N. (2008). Moral Responsibility for Environmental Problems-Individual or Institutional? J. Agric. Environ. Ethics, DOI 10.1007/s10806-008- 9134-5.

Fatunbarin, A. (2009). O homem e o seu ambiente. Ilesha: Keynotes

Ministério Federal da Educação (2003). Relatório sobre a situação do sector da educação. Abuja, Nigéria: Imprensa do Governo Federal.

República Federal daNigéria (2012). *Política Nacional de Educação* (4th Ed.) Lagos: NERCDC.

República Federal da Nigéria (FRN) (2007). Recenseamento Nacional da População: Relatório analítico a nível nacional, Abuja: NPC pp 32-48.

República Federal da Nigéria. (1981 Revisto). Política Nacional de Educação Lagos NERDC Press.

Fien, J. (Ed.). (1993b). Environmental education a pathway to sustainability. Geelong: Universidade de Deakin.

Flamm, B.J. (2006). Environmental Knowledge, Environmental Attitudes and Vehicle Ownership and Use. Doutoramento em Filosofia, Universidade da Califórnia em Berkeley.

Gang, Ph. S. (1989).Rethinking education.Dagaz Press, Atlanta, Geórgia

Gottlieb, R. (1995). Para além da NEPA e do Dia da Terra: Reconstructing the Past and Envisioning a Future for Environmentalism. Environmental History Review, 19(4), 1-14.

Gouldson A. e Sullivan R. (2012). A modernização ecológica e os espaços para uma ação viável sobre as alterações climáticas. Em Climate Change and the Crisis of Capitalism, Pelling M, Manuel-Navarrete D, Redclift M (eds). Routledge: Londres; 114-126.

Hashemzadeh.F. (2016). Environmental Awareness, Attitudes and Behaviour of Secondary School Students and Teachers in Tehran, Iran (Thesis Doctor of Philosophy PHD) Uma tese apresentada em cumprimento dos requisitos para o grau deDoctor ofPhilosophy na University ofWaikato Por FarshadHashemzadeh .(Acesso aberto em 03.03.2017).

Henerson, M., Lyons, M. & Taylor, F.G. (1987).How to Measure Attitudes.Sage Publications, London, UK.

Hinchlifee .K .(2002). Public expenditure on education in NigeriaTssues, estimates and some implications. Abuja, Nigéria: Banco Mundial.

Holden, J. (2008). Abordagem da geografia física. Em J. Holden (Ed.), An introduction to physical geography and the environment. Inglaterra, Pearson Educational Limited.

Hungerford .H,Peyton,R.B.,&Richard,J.W. (1980). Objectivos para o Desenvolvimento Curricular em Ambiente Educação.http://www.tandfonline.com/doi/abs/10.1080/00958964.1980.9941381 . (Acesso aberto em 13.02.2017).

Hungerford, H., & Volk, T. (1990).Changing learners' behavior through environmental education. The Journal ofEnvironmental Education, 21 (3), 8-21.

Ibimilua A. F. & S. A. Amuno. (2014). Educação Ambiental: Nadando com a maré.Journal ofSustainable Development: Vol. 7, No. 5; 2014 ISSN 1913-9063 E-ISSN 1913-9071.Publicado pelo Centro Canadiano de Ciência e Educação .file:///C:/Users/USER/Downloads/34716-138268-2-PB%20(1).pdf. (Acesso aberto em 06.02.2017).

Ibimilua A.F. (2015). O quê, porquê e como da educação ambiental: International Journal of education and research.Vol.3 No 1 January 2015. (Acesso aberto em 28.02.2017).

Ibimilua, F.O. e Ibimilua, A.F. (2014). Desafios ambientais na Nigéria: Typology, Spatial Distribution, Repercussions and Way forward. American International Journal ofSocial

Science. 3(2) 246-253.

Igbinomwanhia, D. I. (2011). Status ofWaste Managements S. Kumar, *Integrated Waste Management* (Vol. II, ss. 11-34). Rijeka, Croácia: Intech.

Igbokwe.C.O. (2015). Recent Curriculum Reforms at the Basic Education Level in Nigeria Aimed at Catching Them Young to Create Change (Acesso aberto em19.04.2017).

Ijaiya,H.(2014). Repensando a aplicação da lei ambiental na Nigéria.http://file.scirp.org/pdf/BLR_2014123011501275.pdf.Beijing Law Review, 2014, 5, 306-321.Publicado online em dezembro de 2014 em SciRes. http://www.scirp.org/journal/blr. http://dx.doi.org/10.4236/blr.2014.54029.(Acesso aberto em14.04.2017).

Ijioma, M. A. e Agaze, U. (2004). "Erosion Phenomenon and Development Dynamics in South Eastern Nigeria" in H.C.Mba et al (eds) Ibid pp 1-12.

Ike, N. (2002). Nigeria's environment in the 21st century, a palestra do 20º aniversário da Nigeria Conservation Foundation (NCF). Lagos, NCF.

Ishumi, A.G., &Malyamkono, T.L. (1995).Education for Self Reliance. In C. Legum& ISSN - 2141 -2189 ©2013 Academic Journals. (Acesso aberto em 28.03.2017).

IUCN, (1970).International Working Meeting on Environmental Education and the School Curriculum, Nevada, União Internacional para a Conservação da Natureza, Suíça.

Jaiyeoba AO, Atanda AI. (2003). Community participation in the provision of facilities in secondary schools in Nigeria. Trabalho apresentado na 2nd Conferência Nacional Anual da Associação para o Incentivo à Educação Qualitativa na Nigéria (ASSEQN).9 -11thth maio.

Jimoh, H. I. (2000). Interação homem-ambiente. Em H. I. Jimoh& I. P. Ifabiyi (eds.), Contemporary issues in environmental studies (pp 20-27). Ilorin: Haytee Press and Publishing Co. Ltd.

Katayama .J. (2009). A teoria na prática da educação ambiental: Rumo a uma abordagem baseada em evidências http://opus.bath.ac.uk/17452/1/Katayama-April- 2009.pdf. (Acesso aberto em 26.02.2017).

Keiny, S. (1991).System thinking as a prerequisite for environmental problem solving.In S. Keiny& U. Zoller (Eds.). Conceptual Issues in environmental Education (pp.171 - 184). New York:

Peter Lang Publishers.

Kimaryo, L .A. (2011).Integração da educação ambiental no ensino primário na Tanzânia: percepções dos professores e práticas de ensino./Lydia A. Kimaryo. - Abo :AboAkademi University Press, 2011. Diss: Universidade AboAkademi. ISBN 978-951-765-560-6. (Acesso aberto em 28.03.2017).

Kollmuss, A., &Agyeman, J. (2002). Mind the gap: Porque é que as pessoas agem em termos ambientais e quais são as barreiras aos comportamentos pró-ambientais? Environmental Education Research, 8(3), 239-260.

Koskinen, S., &Paloniemi, R. (2009). Social Learning processes of Environmental Policy.In J. Meijer & A. der Berg (Eds.). *Handbook of Environmental Policy* (pp. 291-305).New-York: Nova science Publishers.

Kostova, Z. (1998). How to Learn Successfully.(Em búlgaro) Sofia:Pedagog 6, http://bjsep.org/getfile.php?id=66. (Acesso aberto em 10.04.2017).

Kostova, Z. (2008). Métodos de aprendizagem bem sucedida em EnviromentalEducation.EgitimdeKuramveUygulama2008, 4 (1):49-78 Journal of Theory and Practice in Education Makaleler/Articles.ISSN: 1304-9496: http://files.eric.ed.gov/fulltext/ED502021.pdf. (Acesso aberto em 02.05.2017).

Kwame, G. (2008). Estudos Sociais. Legon, SankofaPublishing Company Limited.

Ladan, M. T. (2009). Law, Cases and Policies on Energy, Mineral Resources, Climate Change, Environment, Water, Maritime and Human Rights in Nigeria [Lei, Casos e Políticas sobre Energia, Recursos Minerais, Alterações Climáticas, Ambiente, Água, Marítimo e Direitos Humanos na Nigéria]. Zaria: Imprensa da Universidade Ahmadu Bello.

Instituto de Estatística de Lagos.(2010). *Inquérito sobre o bem-estar e a prestação de serviços em Lagos.* Ministério do Planeamento Económico e do Orçamento. Lagos: Governo do Estado de Lagos.

Lam W.N. (2011). Educação Ambiental nas Escolas Secundárias de Hong Kong. Dissertação apresentada em cumprimento parcial dos requisitos para a obtenção do grau de Mestre em

Educação na Universidade de Hong Kong em agosto de 2011. (Acesso aberto em 16.04.2017).

Lane, J., Wilke, R., Champeau, R., &Sivek, D. (1994). Educação ambiental em Wisconsin: A teacher survey. Journal ofEnvironmental Education, 25, 9 - 17.

Lindemann-Matthies, P. (2002). A influência de um programa educativo na perceção que as crianças têm da biodiversidade. The Journal ofEnvironmental Education, 22(2): 2231.

Lindhe, V. (1999).Greening Education, Prospects and Conditions in Tanzania.Tese de doutoramento, Universidade de Uppsala.

Loughland, T., Reid, A., &Petocz, P. (2002). As concepções de ambiente dos jovens: A phenomenographic analysis. Investigação em Educação Ambiental, 8(2), 187-197.

Madsen, P. (1996). O que é que as universidades e as escolas profissionais podem fazer para salvar o ambiente. Em J. B. Callicott& F. J. d. Rocha (Eds.), Earth Summit Ethics: Toward a reconstructive postmodern philosophy of environmental education (pp. 71-91). Albany State, NY: University ofNew York Press.

Mappin, M. J. & Johnson, E. A. (2005).Changing perspectives of ecology and education in Environmental education.In E. Johnson e M. Mappin (Eds.).Environmental Education and Advocacy.Changing Perspectives of Ecology and Education (pp. 1 -27). Cambridge: Cambridge University Press.

Marcinkowski, T. J. (1987). An analysis of correlates and predictors of responsibleenvironmental behavior.

Marcinkowski, T. (1993).A contextual review of the quantitative paradigm in EE research. Em Mrazek, R. [ed.]. 1993. Alternative paradigms in environmentaleducation research. NAAEE.

Martin, P. (1990). Primeiro passo para a sustentabilidade: The School Curriculum and Environment. Londres, WWF.

Marzano, R.J. et all. (1997). Dimensões da Aprendizagem. Manual do Professor.ASCD.

Mateus. I A. (2003). Provision of secondary education in Nigeria: Challenges and way forward.

Revista. Journal of African Studies and Development Vol. 5(1), pp. 1-9, janeiro de 2013 Disponível online http://www.academicjournlas.org/JASD.DOI: 10.5897/JASD11.058 ISSN-2141-2189.(2013).Academic Journals.(Acesso livre em 28.03.2017).

May, T. S. (2000).Elements of Success in Environmental Education through Practitioner Eyes. The Journal ofEnvironmental Education, 31 (3), 4-11.

Mba, H. C. (2004). "Towards Environmental Awareness in Nigeria" in H.C.Mba et al (eds) Ibid pp 177- 187.

McClaren, M., & Hammond, B. (2005).Integrating education and action in environmental education.In E. Johnson and M. Mapping (Eds.).Environmental Education and Advocacy.Changing Perspectives of Ecology and Education (pp.267-291).Cambridge: Cambridge University Press.

McCrea,E.J.(2006).As Raízes da Educação Ambiental: Como o Passado Apoia o Futuro.http://files.eric.ed.gov/full text/ED491084.pdf. (Acesso aberto em 06.02.2017).

McKechnie, G. (1971). ERI manual. Palo Alto, CA. Consulting Psychologist PressJournal ofEnvironmental Education, 28(1): 32-38.

Miluaibi .N. (2016). Educação ambiental.O quê, porquê e como: Revista Internacional de Ciência Artes e comércio.Vol.1 No 4, junho-2016. (Acesso aberto em 02.03.2017).

Ministério da Educação e da Formação Profissional (MoEVT), (2006).A Guideline for integrating Environmental Education in primary school subjects.Daressalaam: Tanzania Printers.

Ministério da Educação e Formação Profissional (MoEVT), (2007).Estratégia de Educação Ambiental para Escolas e Colégios na Tanzânia (2008-2012) Daressalaam.

Moja T. (2000). Análise do Sector da Educação da Nigéria: An Analytical Synthesis of Performance and Main Issues. Documento preparado para a série de monografias do Banco Mundial, 1(7), Abuja, Nigéria.

Monroe, M.C. (2008). Uma estrutura para estratégias de educação ambiental. Applied Environmental Education and Communication, 6:205-216, 2007 Copyright ©Taylor & Francis Group, LLC ISSN: 1533-015X print / 1533-0389 online DOI:

10.1080/15330150801944416. (Acesso aberto em 15.05.2017).

Muoghalu, L. N. & Okonkwo, A. U. (2004). Factores ambientais urbanos das inundações: A Preliminary Enquiry of Awka Capital Territory of Anambra State: The place of Environmental Knowledge for survival in H.C.Mba et al (eds) Ibid pp 13-28.

Nagra, V. (2010). Sensibilização dos professores para a educação ambiental: The Environmentalist, 30(2), 153-162.

Nath, B. (2009). Environmental Education and Awareness - Vol.I - Educação e Sensibilização Ambiental - BhaskarNath.European Centre for Pollution Research, London, UK. ttps://www.eolss.net/Sample-Chapters/C11/E4-16.pdf. (Acesso aberto em 19.02.2017).

Comissão Nacional da População (CNP), (1998). Censo Populacional de 1991 da República Federal da Nigéria: Analytical Report at the National Level. Abuja: Comissão Nacional da População.

Ngwu A.N. (2008, agosto). Questões actuais na implementação do ensino secundário sénior Currículo escolar de ciências na Nigéria. Trabalho apresentado na 49ª Reunião Anual de Conferência da Associação de Professores de Ciências da Nigéria, realizada em Yenagoa, Estado de Bayelsa.

Equipa de Estudo/Ação Ambiental da Nigéria (NEST) (1991). Nigeria's Threaten Environment: A National Profile, Ibadan: Interface Printers Ltd. (Acesso aberto em 19.02.2017).

Norris .E.I. (2016).Atualizar os objectivos da educação ambiental naNigériaJournal of Education and Practice www.iiste.org ISSN 2222-1735 (Paper) ISSN 2222288X (Online) Vol.7, No.8, 2016. http://files.eric.ed.gov/fulltext/EJ1095325.pdf

NPC, (1991). Comissão Nacional da População, Diário Oficial. Abuja, Nigéria.

NPC, (2006). Comissão Nacional da População, Diário Oficial. Abuja, Nigéria.

Nwaka, G. I. (2004). "O sector informal urbano na Nigéria: Towards Economic Development, Environmental Health and Social Harmony" Global Urban Development Magazine, Vol.1 May.

Obe O. (2009). Questões de financiamento da educação para as normas: Perspectivas de aconselhamento. J. Educ. Res. Dev. 493:164-170.

Obioma G.O. (2011). O projeto. Um discurso proferido no Workshop de Escrita de Guias do Professor para as Disciplinas de Ciências do SSS, Dannic Hotels, Enugu, Nigéria, e 14-19th Nov., 2011.

Obiweluozor, .N. (2015). Educação na primeira infância na Nigéria Implementação de políticas: Critique and a way forward. https://journal.lib.uoguelph.ca/index.php/ajote/article/view/2930/3590.

Odemerrho, F. O. (1988). Case Study ofUrban flood and Problems in Benin City in P.O. Sada and F.O. Odemerrho (eds) Proceedings of the National Conference on Environmental issues and Management in Nigerian Development, pp179- 195.

O'Donoghue, R., & Russo, V. (2004). Padrões emergentes de abstração em Educação Ambiental: A review of materials methods and professional development perspectives. Investigação em Educação Ambiental, 10 (3), 331 -351.

Ofomata, G. E. K. & Phil-Eze, P. O. (2007). Introduction. In G. E. K. Ofomata& P. O. Phil-Eze (Eds.), Geographical perspectives on environmental problems and management in Nigeria (pp. 1-10). Enugu: Jamoe Publishers.

Ojeshina, A. (2005). "Paper presented at the Built Environment Summit" in A.S. Alabi and A.O.SamEpelle (eds) Ibid.

Okebukola P. (2000). Desafios da formação de professores na Nigéria do século XXI. Trabalho apresentado na 1ª Conferência Nacional da Faculdade de Educação, Universidade de Abuja, Nigéria.

Okpor .I &Najimu.H.(2011). Parceria público-privada para a aquisição de competências e o desenvolvimento do ensino técnico profissional na Nigéria. Actas da Conferência Internacional de 2011 sobre Ensino, Aprendizagem e Mudança (c) Associação Internacional de Ensino e Aprendizagem (IATEL) (Acesso aberto em 22.04.2017).

Oksana, B. (2003). Educação ambiental: Melhorar o desempenho dos alunos. A thesissubmitted in partial fulfilmentf the requirements for the degreeMaster of Environmental Studies. The Evergreen State College junho de 2003.http√www.seer.org/pages/research/Bartosh2003.pdf. (Acesso aberto em 25.04.2017).

Okukpon, L.A. (2008). Elementos de Educação Ambiental. Ambik press Ltd, Nigéria.

Olamousi O.A. (1998). Melhorar a Disciplina na Condução de Exames: Um desafio para directores e professores. Comunicação apresentada num seminário organizado pelo Ministério da Educação e do Desenvolvimento da Juventude do Estado de Ekiti, Ado -Ekiti, Nigéria.

Olaniran, O. J. (1983). Flood Generating Mechanism at Ilorin-Nigeria, Goe-Journal, pp. 7(3) 271-277.

Omiunu, F. G. (1981). "Desastre das cheias de Ogunpa: An Environmental Problem or a Cultural Fiction" (Um problema ambiental ou uma ficção cultural) Aman, pp.110-120.

Omoboye I.F. (2014). Desafios ambientais na Nigéria: Typology, Spatial Distribution, Repercussions and Way Forward. American International Journal of Social Science Vol. 3 No. 2; março de 2014.

Omofonmwan S. I. &G. I. Osa-Edoh. (2008). The Challenges ofEnvironmental Problems in Nigeria.Geografia e Planeamento e 2 Fundação Educacional, Universidade Ambrose Ali Ekpoma, Nigéria.

Omoregie.N. (2005).Re-empacotar o ensino secundário na Nigéria para uma economia grande e dinâmica. Comunicação apresentada na 2ª Conferência Nacional Anual da Associação para o Incentivo à Educação Qualitativa na Nigéria (ASSEQEN). 9-11 de maio.

Onibokun, A.G. (1985). Housing in Nigeria, Instituto Nigeriano de Investigação Social e Económica (NISER), Ibadan, Built &Human Environment Review, Volume 3, 2010 116.

Oshodi, L. (2013). Gestão de inundações e estrutura de governação em Lagos, Nigéria. Regions Magazine, 292:22-24.DOI:10.1080/13673882.2013.10815622.

Osibanjo, O. (1998). A saúde dos trabalhadores afectados pela poluição industrial e o ambiente. 150165. In: Poverty, Health and the Nigerian Environment. A. Oshuntogun (Ed.). FEDEN.Lagos (1998).

Otu, N. E. (2010). Uma Avaliação da Lei da Agência Nacional de Execução de Normas e Regulamentos Ambientais (Estabelecimento). Um documento apresentado no Colégio de Estudos de Pós-graduação do Estado de Abia, Faculdade de Direito, Nigéria.

Palmer, J. (1998). Educação ambiental no século XXI: Theory, practice, Progress and Promise. London: Routledge.

Palonsky, S. B. (1993). Uma base de conhecimentos para professores de estudos sociais. The International Journal of social education, 7(3), 7-25.

Phillips,T. &Horwood, C. (2007). As crises de amanhã hoje: O Impacto Humanitário da Urbanização. 1st Edn., ilustrado,NairobiKenya,OCHA/IRIN,ISBN- 10:9211319641,PP:122.

Rashid, H. (1982). "Problema das inundações urbanas na cidade de Benin - Nigéria: Natural or Man- made? "Malaysian Journal of Tropical Geography vol.6 pp17-30.

Reilly, S. (2008). O papel da Educação Ambiental no desenvolvimento sustentável: Três estudos de caso da Índia, África do Sul e Estados Unidos. NR 523 - Gestão de Recursos Internacionais. 2 de maio de 2008.

http://www.uwsp.edu/forestry/StuJournals/Documents/IRM/Reilly.pdf(Acesso aberto em 02.03.2017)

Research Briefing Emerging markets.https://www.dbresearch.de/prod/dbr internet deprod/prod000000000033 3240/nigeria%3a the no 1 african economy.pdfResearcher,15 (2) 4-14. 15 de abril de 2014. Retirado em 4.13.2017.

RM.Cruz Lasso de la Vega. (2004). Consciência, Conhecimento e Atitude Sobre a Educação Ambiental: Responses From Environmental Specialists, High School Instructors, Students, and Parents http://stars.library.ucf.edu/cgi/viewcontent.cgi?article=1177&context=etd (Acesso aberto em 10.04.2017).

Robinson, J.O. (2013). Educação ambiental e desenvolvimento sustentável na Nigéria: Breaking the missing Link. (Acesso aberto em 30.04.2017).

Rogers, E.M. (1995). Diffusion of innovations (4ªed.).New York: Free Press.

Santra, S. C. (2011). Environmental Science. Londres, New Central Book Agency.

Shulman, L. S. (1986). Aqueles que compreendem: Knowledge growth in teaching. Educational researcher, 15(2)4-14.

Simmons, D. A. (2005).Desenvolvimento de directrizes para a educação ambiental nos Estados Unidos: O projeto nacional para a excelência em educação ambiental. In Johnson e M. Mappin (Eds.).Environmental Education and

Advocacy.Challenging Perspectives ofEcology and Education (pp.161-183). Cambridge: Cambridge University Press.

Simpson, S. e Fagbohun O. (1998). Direito e Política Ambiental. LASU, Lagos (1998).

Sivek, D. J., & Hungerford, H. (1990). Predictors of responsible behavior in members of three Wisconsin conservation organizations. The Journal of Environmental Education, 22(4), 36-40.

Siyanbade, D. O. (2007).Ecological Considerations in Planning and Managing the Environment.Lagos, Olas Ventures.

Stapp.W. (1969).The Concept ofEnvironmental Education http://www.cnr.uidaho.edu/css487/The_Concept_of_EE.pdf.(Acesso aberto em 20.03.2017).

Stevenson, R. B. (2007). Escolaridade e educação ambiental: Contradições no objetivo e na prática. Investigação em Educação Ambiental, 13(2), 139-153.

Taylor, R.W. (2000). Políticas de Desenvolvimento Urbano na Nigéria: Planning, Housing, and Land Policy, New Jersey: Centro de Investigação Económica em África, Universidade Estatal de Montclair.

A Carta de Belgrado, (1975).A Framework for Environmental Education, Organização das Nações Unidas para a Educação, Ciência e Cultura http://unesdoc.unesco.org/images/0001/000177/017772eb.pdf.
(Acesso aberto em 21.04.2017).

A Declaração de Tbilisi, (1978). Relatório final: Paper Presented at the Intergovernmental Conference on Environmental Education, Tbilisi (USSR) http://www.gdrc.org/uem/ee/EE-Tbilisi 1977.pdf (Acesso aberto em 26.04.2017).

Assembleia Geral das Nações Unidas, (1987). Relatório Brundtland da Comissão Mundial sobre o Ambiente e o Desenvolvimento: O nosso futuro comum. Http: //www.un- documents.net/our-common-future.pdf.(Acesso aberto em 20.02.2017).

Tilbury, D. (1995). Educação Ambiental para a Sustentabilidade: Definindo o novo foco da educação ambiental na década de 1990. Investigação em Educação Ambiental, 1(2), 195-212.

http://dukespace.lib.duke.edu/dspace/bitstream/handle/10161/5342/Angiolillo_Sangodkar_West_Wyman_Duke %20Lemur%20Center_Final%20MP.pdf; sequence=1. (Acesso aberto em 15.02.2017).

Tilbury, D., & Cooke, K. (2005).A national review of environmental education and its contribution to sustainability in Australia: Frameworks for sustainability - key findings. Camberra, Governo Australiano - Departamento do Ambiente e do Património e Instituto Australiano de Investigação em Educação para a Sustentabilidade (ARIES).

Ukpai PO, Okoro TU. (2011, 23-26 de agosto). Educação em Ciências, Tecnologia e Matemática (STEM) na Nigéria: The need for Reforms. Um documento apresentado na 52.ª Conferência da Associação de Professores de Ciências da Nigéria, realizada em Akure, Nigéria.

Umoren, G. U. (1995). Questões no currículo de educação ambiental. In Iyang-Abia, and Umoren, G. U. (eds) Curriculum Development and Evaluation in Environmental Education. Lagos, Fundação Nigeriana para a Conservação.

Umoren, G. U. (2005). Issues in environmental education curriculum. In M. E. Iyang- Abia, & G. U. Umoren (Eds.), Curriculum development and evaluation in environmental education (pp. 274-297). Lagos, Nigerian Conservation Foundation.

PNUA, (1972). Declaração de Estocolmo sobre o Ambiente Humano. Conferência das Nações Unidas sobre Ambiente e Desenvolvimento, Estocolmo, Suécia, 1972. Nova Iorque: Programa das Nações Unidas para o Ambiente.

UNESCO, (1992).Educação para a sustentabilidade. Do Rio a Joanesburgo: Lessonslearnt from a decade of commitment. [Online] Disponível em: http://unesdoc.unesco.org/images/0012/001271/127100e.pdf. (Acesso aberto em 01.02.2017).

UNESCO, (1999).Organização das Nações Unidas para a Educação, Ciência e Cultura.Segundo Congresso Internacional sobre o Ensino Técnico e Profissional.Relatório Final Seul, República da Coreia26-30 de abril de 1999 http://unesdoc.unesco.org/images/0011/001169/116954e.pdf.

UNESCO, (2011).http://unesdoc.unesco.org/images/0021/002155/215520e.pdf Prefácio de Irina Bokova, Directora-Geral. (Acesso aberto em 22.02.2017).

UNESCO-PROAP, (1996). Programas internacionais de educação e de educação para os valores. Gabinete Regional Principal da Unesco para a Ásia e o Pacífico Tailândia Banguecoque, PROAP, 1996.http://unesdoc.unesco.org/images/0010/001049/104970E.pdf.

UNESCO-PNUMA, (1988). Estratégia internacional de ação no domínio da educação e formação ambiental para a década de 1990, UNESCO, Paris e PNUA, Nairobi.

UNESCO-UNEP, (1976). A Carta de Belgrado: um quadro global para a educação ambiental. Connect, 1(1), pp.1-2.

UNESCO-UNEP, (1978).Conferência Intergovernamental sobre Educação Ambiental Tbilisi URSS, Relatório Final, UNESCO, Paris. Connect, 3(1), pp.1-8. (Acesso aberto em 12.02.2017).

UNESCO-UNEP,(1989).International Environmental Education Programme Environmental Education Series A PROTOTYPE ENVIRONMENTAL EDUCATION CURRICULUM FOR THE MIDDLE SCHOOL (Revised) A Discussion Guide for UNESCO Training Seminars on Environmental Education. http://www.unesco.org/education/pdf/333_49.pdf (Acesso aberto em 24.03.2017).

UN-HABITAT, (2005b). "Air Quality Monitoring in Africa" Urban Environment, Quénia: Secção de Ambiente Urbano da ONU.

UN-Habitat, (2011).A Policy Guide to Rental Housing in Developing Countries; Quick Policy Guide Series.

UN-Habitat, (2014).The state of African cities 2014.http://unhabitat.org/the-state-of- african cities 2014.(Acesso livre em 19.02.2017).

Programa das Nações Unidas para o Desenvolvimento, (2011).Relatório de Desenvolvimento Humano. NovaYork, EUA.

Universidade de Lagos, Nigéria. Volume1. (Acesso aberto em 03.02.2017).

Wilson, R. (1996). Programas de educação ambiental para crianças em idade pré-escolar. Journal of Environmental Education 27 (4): 28-32.

Banco Mundial, (1992). Ambiente e Desenvolvimento, Washington DC: Banco Mundial.

Banco Mundial, (2006).Environment Matters at the Work Bank.Washington C., Banco Mundial.

Comissão Mundial sobre o Ambiente e o Desenvolvimento (WCED). (1987). O Nosso Futuro Comum Transmitido à Assembleia Geral como anexo ao documento A/42/427 -

Desenvolvimento e Cooperação Internacional: Ambiente. Nações Unidas 1987. Oxford, Reino Unido: Oxford University Press.

www.statista.com, (2017). O Portal de Estatísticas. https://www.statista.com/statistics/382264/total-population-of-nigeria/

Yetunde, A. (2013). Sustainability ofMunicipal SolidWaste Management in Nigeria: A Case Study ofLagos.Water and Environmental Studies Department of Thematic Studies Linkoping University.isrn: liu-temav/mpssd-a-13/009-se.(Acesso aberto em 12.03.2017).

Yilmaz, O., Boone, W. J., & Andersen, H. O. (2004).Views of elementary and middle school Turkish students towards environmental issues.InternationalJournal of Science Education, 26(12), 1527-1546.

Zelezny, L. C. (1999). Intervenções educativas que melhoram o comportamento ambiental. Journal ofEnvironmental Education, 31(1): 5-10.

Zimmerman, L. K. (1996b). O desenvolvimento de um formulário curto sobre valores ambientais.

Zint,M.,Kraemer,A.,Northway,H.,&Lim,M.(2002).EvaluationoftheChesapeakeBayFoundation'sconservation educationprograms.ConservationBiology,16(3),641-649.

# APÊNDICES

## APÊNDICE 1: QUESTIONÁRIOS AOS PROFESSORES

1. Descreva brevemente os seus temas de ensino.

2. Descrever brevemente os métodos de ensino.

3. A educação ambiental como disciplina única é necessária nas escolas?

| Agreed (YES) | Disagreed (No) |
|---|---|
| | |

4. Pode a escola promover a educação ambiental?

5. A sua escola revela alguma preferência por práticas ambientais?

6. Adoção da sustentabilidade como estratégia da escola

7. Que questões ambientais e ecológicas devem ser abordadas com urgência pelo Governo?

| Ranking of environmental and ecological topics from scale of 10 to 1. | |
|---|---|
| Air pollution | |
| Water Pollution | |
| Coastal Management | |
| Soil Contamination | |
| Food Production | |
| Climate Change | |
| Waste Management | |
| Water Cycle | |
| Ecosystem | |

8. Que tema selecionado deve ser integrado no currículo?

9. O que é que acha que pode ser feito para promover a consciência ambiental?

10. O que pensa que pode ser feito para promover actividades ecológicas na Nigéria?

## APÊNDICE 2: QUESTIONÁRIOS AOS ESTUDANTES

1. Qual é o significado de Ecologia e Sustentabilidade?

2. Está atualmente inscrito em alguma disciplina, como Ecologia ou Sustentabilidade?

3. Prefere que a Educação Ambiental seja integrada como disciplina única?

| Agreed (YES) | Disagreed (No) |
|---|---|
| | |

4. O conhecimento ambiental/ecológico é importante e como é que se aprende sobre isso?

| Is Environmental/Ecological knowledge Important? | Yes | No |
|---|---|---|
| In school | | |
| Outside School | | |
| Media | | |
| Others(Relatives, Friends and Family) | | |

5. Temas ecológicos "com" ou "sem" conhecimento.

| **Ecological topics** | **'With' Knowledge** | **'Without' Knowledge** |
|---|---|---|
| Ecosystem | | |
| Coastal Management | | |
| Global Warming | | |
| Greenhouse Gases | | |
| Alternative Energy | | |
| Climate Change | | |
| Growth of Population | | |
| Water Cycle | | |
| Water Pollution | | |
| Waste Management | | |
| Transportation | | |
| Food production | | |

6. Acha que o Estado de Lagos pode promover a Educação Ambiental e como?

7. Em que nível de ensino pode a EE ser integrada no currículo?

| | |
|---|---|
| Nursery schools level | |
| Primary schools level | |
| Secondary schools level | |
| All Level | |

## APÊNDICE 3: IMAGENS DE PROBLEMAS AMBIENTAIS

A imagem 1 mostra habitações em redor de um bairro de lata em Lagos.

Fonte: http://nigeriarealestatehub.com/wp-content/uploads/2014/10/lagos.jpg

Figura 2. Mostra as áreas de terreno em ($Km^{2}$) ) afectadas pela desflorestação em Lagos.

Fonte: http://3.bp.blogspot.com/-GAOepyroDXA/UvjNsmlthjI/AAAAAAAAAQE/6gsFVhrc2bE/sl600/Golf+resort+Construction.jpg

Figura 3. Mostra a poluição do ar e da terra.

Fonte:http://i2.cdn.cnn.com/cnnnext/dam/assets/l 60520l75007-onitsha-traffick-pollution-super-l 69.jpg

A imagem 4 mostra as inundações causadas por chuvas fortes.

Fonte: https://www.today .ng/news/nig eria/252732/rainfall-2017 -flooding -gridlock-lagos

Foto 5. Mostra um cenário de sobrepopulação em Lagos

Fonte: http://queenbeeedit.com/wp-content/uploads/2015/07/Overpopulation-Scene-in-Lagos-Nigeria-Akintunde-Akinleye.png

**APÊNDICE 4: CARTAS DE RECOMENDAÇÃO DO PRESIDENTE DA COMISSÃO PARLAMENTAR DO AMBIENTE DO ESTADO DE LAGOS, NA NIGÉRIA, DURANTE A MINHA RECOLHA DE DADOS.**

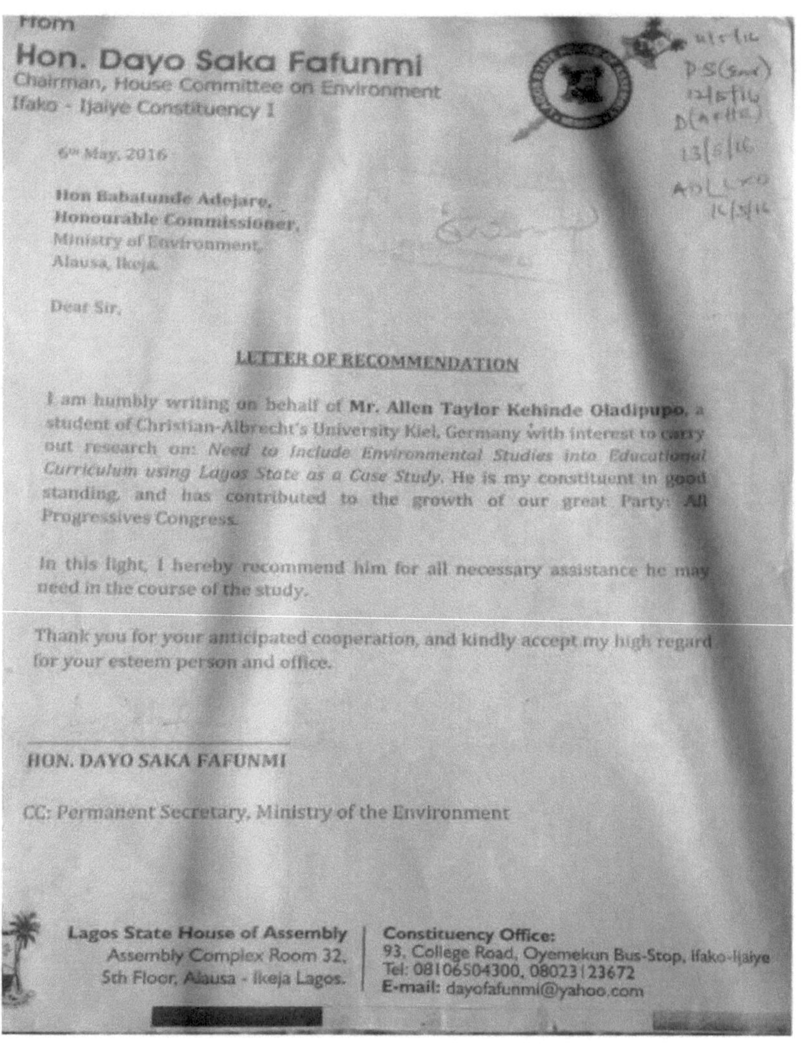

From

**Hon. Dayo Saka Fafunmi**

Chairman, House Committee on Environment

Ifako - Ijaiye Constituency I

6th May, 2016

**Hon Babatunde Adejare,**

**Honourable Commissioner,**

Ministry of Environment,

Alausa, Ikeja.

Dear Sir,

**LETTER OF RECOMMENDATION**

I am humbly writing on behalf of **Mr. Allen Taylor Kehinde Oladipupo**, a student of Christian-Albrecht's University Kiel, Germany with interest to carry out research on: *Need to Include Environmental Studies into Educational Curriculum using Lagos State as a Case Study*. He is my constituent in good standing, and has contributed to the growth of our great Party: All Progressives Congress.

In this light, I hereby recommend him for all necessary assistance he may need in the course of the study.

Thank you for your anticipated cooperation, and kindly accept my high regard for your esteem person and office.

**HON. DAYO SAKA FAFUNMI**

CC: Permanent Secretary, Ministry of the Environment

**Lagos State House of Assembly**
Assembly Complex Room 32,
5th Floor, Alausa - Ikeja Lagos.

**Constituency Office:**
93, College Road, Oyemekun Bus-Stop, Ifako-Ijaiye
Tel: 08106504300, 08023123672
**E-mail:** dayofafunmi@yahoo.com

From

**Hon. Dayo Saka Fafunmi**

Chairman, House Committee on Environment
Ifako - Ijaiye Constituency I

6th May, 2016

The Permanent Secretary,
Ministry of the Environment,
Alausa, Ikeja.

Dear Ma,

**LETTER OF RECOMMENDATION**

I am humbly writing on behalf of **Mr. Allen Taylor Kehinde Oladipupo**, a student of Christian-Albrecht's University Kiel, Germany with interest to carry out research on: *Need to Include Environmental Studies into Educational Curriculum using Lagos State as a Case Study.* He is my constituent in good standing, and has contributed to the growth of our great Party: All Progressives Congress.

In this light, I hereby recommend him for all necessary assistance he may need in the course of the study.

Thank you for your anticipated cooperation, and kindly accept my high regard for your esteem person and office.

**HON. DAYO SAKA FAFUNMI**

**Lagos State House of Assembly**
Assembly Complex Room 32,
5th Floor, Alausa - Ikeja Lagos.

**Constituency Office:**
93, College Road, Oyemekun Bus-Stop, Ifak
Tel: 08106504300, 08023123672
**E-mail:** dayofafunmi@yahoo.com

**APÊNDICE 5: CARTA DE APRESENTAÇÃO ÀS ESCOLAS DA ÁREA DE ESTUDO NO GOVERNO LOCAL DE IFAKO-IJAIYE DO ESTADO DE LAGOS, NIGÉRIA.**

LAGOS STATE UNIVERSAL BASIC EDUCATION BOARD
IFAKO/IJAIYE LOCAL GOVERNMENT EDUCATION AUTHORITY
VETLAND PRIMARY SCHOOL'S COMPLEX
Old Abeokuta Motor Road, New Garage B/Stop, Agege, Lagos State.
Tel: 0708 323 3158, 0708 628 6668
Website: www.ifako-ijaiye-lgea.org E-mail: [illegible]

OUR REF: ______
YOUR REF: ______

21ST APRIL 2016

THE HEADTEACHER
..........................
..........................
..........................

Dear Sir/Ma.

**LETTER OF INTRODUCTION**

I write to introduce **MR. ALLEN-TAYLOR KEHINDE OLADIPUPO**, a master degree student of Christian-Albrecht's University Kiel, Germany.

He is presently writing his thesis on the Topic: **Needs to Include Environmental Studies into Schools Education Curriculum.**

Please accord him necessary assistance.

Thank you.

Yours faithfully,

EDUCATION SECRETARY
IFAKO IJAIYE LOCAL GOVERNMENT
EDUCATION AUTHORITY
VETLAND PRY SCH COMPLEX
OKO — OBA

Sign..........
Date.... 22-04-2016

JONGBO ADEYEMI OLALEKAN (MR)
EDUCATION SECRETARY

# DECLARAÇÃO

Declaro que a presente tese foi realizada de forma autónoma e independente e que não foram utilizadas quaisquer outras fontes para além das aqui indicadas.

A versão escrita apresentada deste trabalho é a mesma que foi gravada eletronicamente e apresentada em CD.

Além disso, declaro que este trabalho nunca foi apresentado em qualquer outro momento e em qualquer outro lugar como tese final.

**Assinatura** **Data**

Allen-Taylor Kehindeθladipupo
Mat. N.º: 1021268
Departamento de Gestão Ambiental

Printed by Books on Demand GmbH, Norderstedt / Germany